中山出版
ZHONGSHAN PUBLISHING
香山承文脉 好书读百年

社科普及丛书

胡 波 主编

生活的哲学和哲学的生活

张 英 徐 兵 著

SPM

南方出版传媒

广东人民出版社

·广州·

图书在版编目（CIP）数据

生活的哲学和哲学的生活 / 张英，徐兵著．— 广州：广东人民出版社，2019.7
（社科普及丛书）
ISBN 978-7-218-13683-7

Ⅰ．①生… Ⅱ．①张… ②徐… Ⅲ．①人生哲学－通俗读物 Ⅳ．① B821-49

中国版本图书馆 CIP 数据核字 (2019) 第 130446 号

SHENGHUO DE ZHEXUE HE ZHEXUE DE SHENGHUO
生活的哲学和哲学的生活
张 英 徐 兵 著

出 版 人：肖风华

责任编辑：李锐锋 冼惠仪
装帧设计：蓝美华

统 筹：广东人民出版社中山出版有限公司
执 行：王 忠
地 址：中山市中山五路1号中山日报社 8 楼（邮编：528403）
电 话：（0760）89882926 （0760）89882925

出版发行：广东人民出版社
地 址：广东省广州市海珠区新港西路204号2号楼（邮编：510300）
电 话：（020）85716809（总编室）
传 真：（020）85716872
网 址：http：//www.gdpph.com
印 刷：广东信源彩色印务有限公司
开 本：787mm×1092mm 1/32
印 张：7.25 字 数：118千
版 次：2019年7月第1版 2019年7月第1次印刷
定 价：39.80元

总　序

| 胡　波

自然科学和社会科学是人类探究自然、了解社会、认识自我的两把钥匙，也是人类社会文明进步的双重动力。自然科学是研究自然界各种物质和现象的科学，如物理学、化学、动物学、植物学、矿物学、医学和数学等，是人类认识自然、了解自然、改造自然和适应自然不可缺少的有效理论和科学方法；而社会科学是研究各种社会现象的科学，包括政治学、经济学、社会学、法律学、管理学、历史学、文艺学、美学、伦理学、文学等，是人类认识自己、认识他人、认识环境，尊重自己、尊重他人、尊重环境，进行双向交流、相互交往的有力工具。

众所周知的是，自然科学为人类创造了许多物质文明成果，解放了人类的手脚，也拓宽了人类的视野，丰富了人类的物质文化生活。尤其是18世纪工业革命以来，科学技术消除和控制了许多自然灾害，减少了疾病的蔓延，延长了人类的寿命，让人类生活得更舒适、更便利、更安全。但不可否认的是，自然科学，特别是现代科技发展的后遗症与副作用，也给人类带来了许多比传统风险（风灾、水灾、旱灾、瘟疫、地震等）还要令人忧心的现代危情（环境污染、核扩散与辐射、废弃物、有毒物质等）。这些现代危情对人类来说，是一种无法预知又时刻存在的危害。但整体而言，自然科学的发展，不仅改变了自然界，拉近了人与自然之间的距离，减少了自然对于人类来说所具有的神秘感和陌生感，还直接或间接地改变了人类社会的生活环境和物质条件，影响了人类自身的生产方式和生活形态。不断发展的科学技术，在现代社会中日益成为社会变迁的一股重要推动力，在许多方面正改变着人类的生活方式和文化模式。机器人将逐渐取代传统工人的角色；银行自助提款机的功能也日益替代银行职员的职能；交通网络和大众传播媒介的发展，使不同民族之间的距离大大缩小；工商业快速发展，加速了社会流动，改变了人们的价值观、世界观、人生观、行为模式和生活方式。这些由科技文明所带来的新趋势和新问题，固然需要自然科学去研究与应对，但社会科学对于人类社会变迁所造成的法律、伦理、道德等层面的影响和冲击，同样责无旁贷。社会科学理所当然地应该从政治、经济、社会、文化、教育等不同层面进行深入研究，为人类生存、生活和全面发展提供更多的知识、智力的支撑和思想、文化的引领。

自然科学和社会科学虽然在研究领域、研究方法上有所不同，但都和人类社会的生存和发展有关，都与解决人类所面临的困难和挑战有关。社会科学是以“人”为中心，研究人与人之间，人与群体之间，人与社会、国家之间互动的知识领域，探究人类文化与其周围环境之间的关系的科学。人类在社会中生存和发展，必须了解与其生活层面有关的知识和经验，方能很好地顺应环境和改善生活，提升生命的价值，让人生更有意义。但是长期以来，人们对社会科学理论的认识和了解比较浮浅，对社会科学知识的掌握和运用极其简单，在思想和行动上表现出典型的实用主义或工具理性。尤其是改革开放40年来，重物质轻精神、重科技轻人文、重自然科学轻社会科学的现象更加突出，其结果是，在经济快速增长和科技高度发达的同时，也产生了生态环境恶化、贫富差距拉大、伦理道德滑坡、腐败案件高发和精神信仰缺失等现象，甚至有不少人成为物质的奴隶，精神的侏儒。因此，以人为中心，探讨人类生活层面的知识领域，以及探究人类文化与其周围环境之间关系的社会科学，就必将为当今社会提供认识自己、认识他人、改造社会的钥匙。自然科学以自然物质为中心，研究人类在物质生活环境上的问题；社会科学以人为中心，处理人类精神层面的事务。两者对于人类社会而言都是不可或缺的，尤其是在所谓“后工业社会”

与“后现代文化”的21世纪，寻求社会科学与自然科学之间的平衡，矫正往昔“轻人文重理工”的偏颇现象，对于构建人类社会的“新文明体系”具有重大的意义。[①]正如有的学者所说：“全部社会科学，要解决的就是一个问题，即个体认识自己、认识他人、认识环境，尊重自己、尊重他人、尊重环境，然后进行相互间的交流、交换、交往、交易等的问题。简而言之，分清各自的利益，学习有效、互利的原则与技术，是公民的必修课。”[②]但是，社会科学的理论、方法、知识、经验，并不为大众所掌握和运用，其传播和普及的对象与范围都十分有限，往往停留在学者的圈子内，终止于社会精英的层面上。孙中山先生曾认为，无论是在古代中国还是当代社会，始终是“知难行易”，而不是“知易行难”，强调认识比行动更难但更重要。[③]马克思在《〈黑格尔法哲学批判〉导言》中指出：“批判的武器当然不能代替武器的批判，物质力量只能用物质力量来摧毁；但是理论一经掌握群众，也会变成物质力量。理论只要说服人，就能掌握群众；而理论只要彻底，就能说服人。所谓彻底，就

① 沙依仁等著：《社会科学是什么》，世界图书出版公司北京公司，2006年，第27—28页。

② 沙依仁等著：《社会科学是什么》，世界图书出版公司北京公司，2006年，简体版序，第2页。

③ 《孙中山选集》，人民出版社，1981年，第159页。

是抓住事物的根本。但人的根本就是人本身。”[①] 因此，将社会科学的“知识”转化为“常识”，“经验”积淀为“理性”，“理论”转变为“智慧”，“方法”转化为“思维”，理所当然地成为社会科学普及的宗旨和要务。2014年9月1日起施行的《广东省社会科学普及条例》就明确指出：“社会科学普及工作应当坚持政府领导、社会支持、公众参与、资源共享、服务大众、法制保障的原则”，“社会科学普及是指采取公众易于理解、接受和参与的方式，普及社会科学知识、传播科学思想、倡导科学方法、弘扬科学精神和人文精神的活动”。社会科学普及工作，今天已是各级党委政府的重要工作之一。

中山市社会科学界联合会长期以来坚持以人为本，围绕市委市政府的中心工作，关注社会，聚焦民生，面向未来，在做好党委政府的智囊团和思想库的同时，积极主动地采取多种形式，大力普及社会科学知识，传播思想文化，弘扬科学理性和人文精神。经过不断努力，中山不仅涌现了大批具有广泛影响的社科普及专家和知名学者，也出版了一大批社科普及读物，如《中山史话》《凡人孙中山》《新三字经与社会主义核心价值观》《血脉相承：中山非物质文化遗产探究》《艺文与修身》《修身与修行》等既有地方特色又颇具中国气派的科普书籍，

---

① 《马克思恩格斯选集》（第一卷），人民出版社，1972年，第9页。

甚至借助南国书香节中山书展这个大平台，单独设立社科普及展区，开展形式多样的社科普及活动，产生了较大的反响。但是，社科普及活动仍然缺乏针对性和趣味性，社科普及读物也少了地方色彩而多了学究气息，社科普及的效果并不令人满意。

如何开展社科普及工作，有效地服务社会，逐步提高大众的人文素养，也就成为广大社科工作者必须回答的问题。为此，中山市社会科学界联合会在市委市政府的关怀和领导下，组织社科专家，结合地方历史文化、经济社会的特色和社科的专业特点，融知识性、趣味性和专业性、系统性于一体，编辑出版“社科普及丛书”，力求在全面介绍政治学、经济学、社会学、文化学、历史学、哲学、伦理学、民俗学、地理学和法学等社科基础知识和理论方法的同时，客观全面和深入浅出地讲述中山地方历史文化和人文精神，力求通过系列丛书的编辑出版，使其逐渐进学校、进机关、进企业、进社区，力求达到理论宣传、思想传播、文化交流、信息传递、知识共享的多重目的。为好书找读者，为读者写好书，讲好中国故事，传播社科新知，引领时代风尚，推动社会进步，这就是“社科普及丛书”编写的方向和目标。

自序 | 人生的目的，就在于追求快乐

| 徐　兵

笔者多年深入研究哲学，常常把哲学分为三种。第一种哲学即康德、维特根斯坦等哲学大师所研究的哲学。这种哲学专门谈论根本性的高、精、尖问题。要研究这类哲学，必须具备三种条件：其一是智慧，具有透过现象看本质的洞见，才能在纷纭的世间万象中找到某种根本规律；其二、其三分别是有钱、有闲（有时间），不用整日为生计操劳，从而有大把时间对着星空发呆，才可能找到星空和宇宙的某种奥秘。第二种哲学就是普通人的哲学，即一个人对于世界和人生的看法。在这个意义上，可以说每一个人都是哲学家。第三种哲学就是应付考试所学习的哲学，这种哲学纯属一块敲门砖，不说也罢。

《生活的哲学和哲学的生活》是以各位哲学大师所发现的哲学道理为依托，讨论与人的生活有关的种种哲学问题，以及哲学是如何影响人的生活的。

关于人生的哲学问题，数不胜数，但其中最重要的一个问题，当属“人活着是为了什么”。笔者比较明确地提出了自己的观点——人生的目的，就在于追求快乐。这样的表达，尤其是其中的“快乐”这样的字眼，可能让一些人觉得不“高大上”而遭致批评。其实，本书本来就是讨论普通人而非“高大上”人的生活，何况，快乐本身未必就不是“高大上”的。

我们所接受的教育告诉我们：哲学是让人聪明的学问。笔者更宁愿认为，哲学是让人明白的学问。所以，本书的一个写作动机就在于，要让我们生活得明明白白。本书在阐述人生目的这类形而上问题的基础上，更分列人生中遇到的有关家庭、社会等人际关系问题，有情感问题、人性问题、金钱问题、死亡问题，等等。笔者详细加以阐述，说明这些事物的存在对人的生活的影响，以及我们应该如何对待它们。

笔者在此先行声明，书中所表述的任何观点都是笔者个人对生活的思考与见解，不能保证就是“正确”的，更不会认为是“唯一正确”的。如果笔者对本书的内容有所坚持，那只是笔者的“价值观”。笔者相信，一个人以什么样的方式生活，一定是由他自己的价值观决定的。假若笔者在书中的表述能够使读者对生活有所思考、有所感悟，那么笔者的这本小书就算没有白写。至于读者个人秉持什么样的价值观，以及根据这种价值观采取什么样的生活方式，或者怎样具体处理生活中涉及的一些具体问题，完全由读者自己把握。

希望本书的读者和所有人都能够快乐地生活，也能够追求到自己生活的快乐。

是为序。

目录

生活的哲学和哲学的生活

·上篇·

追求快乐的生活哲学

第一章　**人生的目的是追求快乐**·2

问题的提出·2

问题的回答·3

答案的阐述·4

与其他人生目的说法的比较·8

与广受赞誉的一些人生观点的比较·9

人生目的与快乐的意义·10

第二章　**快乐的含义由价值观决定** · 12

价值观决定你追求什么样的快乐 · 12

同理心是价值观的第一要素 · 14

我们应该具有什么样的价值观 · 17

第三章　**追求快乐是需要实力的** · 22

要有追求快乐的实力 · 22

常识和逻辑是两项最基本的能力 · 23

情商一定包含价值观因素 · 28

· 下篇 ·

有关人性的生活哲学

第四章　**与家人相处的哲学** · 33

维系家庭的核心要素是亲情 · 34

夫妻关系是家庭中最重要的关系 · 36

孩子第一的家庭多半是悲剧 · 43

孝顺父母，讲心更讲行 · 49

婆媳关系是理解，翁婿关系是“交易” · 50

第五章　**与他人相处的哲学** · 54

决定人际关系远近的第一要素是欣赏 · 54

认识你自己，是处理好人际关系的前提 · 55

朋友相处之道在义气 · 58

尊重对手才能战胜对手 · 63

第六章　**与情感相关的哲学问题** · 67

爱情是浪漫和利益的权衡 · 67

仇恨是一种没有价值的情绪 · 80

愤怒之下的行为多半是错误的 · 96

让嫉妒成为唤醒你努力的警报 · 110

第七章　**信任是最渴望、最奢侈的要求** · 122

什么是信任 · 122

怎样才能建立信任 · 130

第八章　你的金钱观反映了你的人生观 · 142

金钱的本性是什么 · 142

金钱带给人什么东西 · 150

我们应该怎样对待金钱 · 154

第九章　有关人的本性的哲学问题 · 163

自私是一个中性词 · 163

责任赋予你一生的荣耀 · 178

理解死亡，才能理解生命 · 193

后　记 · 207

上篇

追求快乐的生活哲学

第一章

人生的目的是追求快乐

问题的提出

在海边有一个渔夫，他有着很强的捕鱼本事，但是，他每天只是捕捞一小筐鱼，只需维持他自己的正常生计就够了。年复一年，他都是这样做着。

一天，一个商人来到这里游玩，看见渔夫正躺在海边一块石头上晒太阳。在了解渔夫的情况后，商人大惑不解。

商人问："你为什么不能每天多捕一些鱼呢？"

渔夫反问："捕那么多鱼干什么？"

商人答："可以拿去卖啊。"

渔夫继续问："卖了，拿到钱来干什么？"

商人答："卖了，你就可以换一艘更大的船，然后去更远的地方捕鱼，捕更多、更好的鱼，得到更多的钱。”

渔夫又问：“拿那么多钱来干什么？”

商人答：“你就可以更好地享受生活了呀！”

渔夫反问：“那你认为我现在在干什么？”

这个故事反映了一个深刻的哲学问题：人生的目的是什么？或者，用更通俗的语言表述是：人活这一辈子，到底为了什么？

这或许是最有争议，也最难有统一答案的哲学问题之一了。

问题的回答

著名哲学家伯特兰·罗素在他的作品《西方哲学史·绪论》中发问：“有没有一种生活方式是高贵的，而另一种是卑贱的呢？还是一切的生活方式全属虚幻无谓呢？假如有一种生活方式是高贵的，它所包含的内容又是什么？我们又如何能够实现它呢？善，为了能够值得受人尊重，就必须是永恒的吗？或者说，哪怕宇宙是坚定不移地趋向于死亡，它也还是值得加以追求的吗？”

罗素在这里的纠结，或许是一个大哲学家的习惯性思维方式。在笔者看来，选择一种什么样的生活方式的问题，也就是确立一个什么样的人生目的的问题。对于具体的个人而言，毫无疑问，他是“坚定不移地走向于死亡”的。那么，有没有什么目的，比如“善”，或者其他，是值得他加以追求的呢？

其实，在实际生活的体验中，我们会对这个问题至少产生两点质疑。其一，似乎有些人，以及几乎所有人在某些时候，并没有刻意“追求”某种目的，往往呈现出一种随意或听天由命的状态。其二，即使刻意追求目的，也不能认为人生就只有一个目的。事实上，随着年龄、经历和外在环境的变化，人总是在不断地变换或校正着自己生活的目的。

笔者不否认这种说法的现实性。然而，读者要清楚，作为一篇探讨哲学问题的文章，当然应该具备哲学的一些基本特点。与上述说法相关的特点是：其一，哲学是一门让人更理性、更明白的学问。在人生的目的这一问题上，哲学当然希望人们能够有清醒的认识。其二，哲学是一门探究根本问题的学问，历代哲学家都在努力为世人指示一个“正确”或“终极”的人生目的，以使人们的生活更有意义。对此，笔者也未能免俗。

何况，笔者也确实认为，这样的“终极”目的是存在的。笔者提供的答案是：人生的目的就是追求快乐。

答案的阐述

快乐可区分为两种类型：躯体的快乐和精神的快乐，也可称为肉体的快乐和灵魂的快乐。一般认为，躯体的快乐是直接的、感性的、本能的、暂时的，一旦遇到相应刺激，躯体会立即作出快乐或不快乐的反应；一旦刺激撤销，相应的快感或不快感也会消失。精神的快乐则需要付诸理性，当相应的刺激出现时，当事人会有一个价值判断的过程，以取舍哪一个才是快乐，或更快乐的。一旦当事人认定某一东西是有价值、能让他感到快乐的，这种认识会相当长一段时间保留在他的选择系统当中。

当然，这种理性的判断久而久之也可能内化为一种本能，让当事人立即作出反应，其表现似乎让人觉得完全没有一个思考与选择的过程。

一般说来，不同快乐之间是能够和谐共处的。美食给人的快乐有感官（躯体）上的舒适，也有精神上的享受。而在感官的层面，也有视觉、嗅觉、味觉等多方面的快感。

很多时候，快乐之间也有冲突。如果你选择了某一方面的快乐，就不得不放弃其他方面的快乐。如中国古代官制中，文官坐轿的舒适和武官骑马的威风，你也只能选择一种，不可兼得。

“快乐”一词通常具有相对确定的含义，即让人舒适、惬意、享受。但实际上，快乐完全是个人的感受。对于某种具体的状态，当事人是否认为快乐，旁人实在无法以一个惯常的、一般的标准来评定，只能由当事人按其自身的感受而决定。

快乐完全是个人自己的感受，只能由当事人按其自身的感受来决定

比如，饥饿的状态一般说来是让人不快乐的。然而，当一个母亲把唯一的半块面包递给年幼的儿子时，看着儿子香甜地咀嚼着面包，笔者相信这位母亲是快乐的，尽管她自己已经饥肠辘辘、胃痛难耐。此时，让儿子更好所带给她的快乐胜过饥饿带给她的不快乐。

又如，承受酷刑一般说来是让人不快乐的。然而，当竹签子扎进江姐（原名江竹筠，江姐是人们对她的爱称。1939 年加入中国共产党；1948 年 6 月 14 日在万县被捕，被关押于重庆军统渣滓洞监狱，受尽酷刑仍坚不吐实，1949 年 11 月 14 日被敌人杀害并毁尸灭迹）的手指时，尽管鲜血淋漓、疼痛难忍，但她依然是快乐的。因为，她没有出卖自己的同志，没有背叛自己的组织。此时，对信仰忠诚的快乐胜过酷刑给她带来的不快乐。

传说中的“头悬梁、锥刺股”被当做“苦读”的典型。其实，这有点以自己之心度他人之腹。实际上，当事人对于“颜如玉、黄金屋”的憧憬所带来的快乐，远胜于眼前这么一点点不快乐。

由此可以归纳出，快乐具有三个显著的特征。第一，个人性。一个人是否快乐，只能以当事人自己的感觉为准。第二，特定的场景。某种状态是否快乐，与当时的环境、事态有关，在某种场景下令人感到快乐的东西，在另一场景下未必令人感到快乐；在某种场景下使人不快乐的东西，换一个场景，就可能使人快乐。第三，快乐是有层次的。不同的快乐具有不同的等级，不同等级的快乐存在相互吸收的关系。一般认为，躯体的快乐比精神的快乐层次低，但究竟哪种快乐居于较高层次，还是由当事人自己决定。需要注意的是，这种吸收并非一定是高等级的快乐吸收低等级的快乐，也可能表现为低等级的快乐吸收高等级的快乐。如熬不过酷刑的折磨而叛变，就是把躯体的快乐置于信仰、使命或责任的快乐之上，即使他自己也认可信仰的快乐高于躯体的快乐。

与其他人生目的说法的比较

许多大师、学者都对人生目的做过阐述，老百姓也根据自己的生活体验，总结了一些人生哲理。这些阐述或哲理既有诸多赞誉，也不乏非议。

本节的比较主要从两方面进行：其一，对于那些非议较大的人生观，本文所提出的生活目的与其有着本质上的区别；其二，对于主流舆论所赞赏的或比较流行的人生观，本文所提出的生活目的与其不存在本质上的差异。

与广受赞誉的一些人生观点的比较

苏联作家奥斯特洛夫斯基的观点是，人的一生应当这样度过：当回忆往事的时候，他不至于因为虚度年华而痛悔，也不至于因为过去的碌碌无为而羞愧；在临死的时候，他能够说："我的整个生命和全部精力，都已经献给世界上最壮丽的事业——为人类的解放而斗争。"

点评：对奥斯特洛夫斯基而言，"人类的解放"就是他最快乐的事情，居于他快乐等级的最高点。当其他的快乐与此冲突时，他就会选择放弃其他的快乐。

爱因斯坦的观点之一：一个人的价值，应当看他贡献什么，而不应当看他取得什么。观点之二：对于我来说，生命的意义在于设身处地替人着想，忧他人之忧，乐他人之乐。

点评：这是一种典型的"利他"的人生观。表面看起来，它似乎与本文表述的"为我"的快乐目的论是相反的。其实不然。在爱因斯坦看来，为他人奉献和为他人求得快乐，就是他最快乐的事情，因而也是他生活的目的。

中国人的流行观点是：我这一辈子就是为了孩子。

点评：父母对儿女的爱，多被认为是最无私、最纯粹的爱，父母养育孩子的辛劳更是人所共知的。然而，父母对于孩子，绝非通常认为的那样只是给予，而不在于索取。其实，每一个做过父母的人最明白这一点：孩子带给他们的快乐，可以说是无与伦比的。这不仅有中国传统的传宗接代心理得到满足的快乐，也有欢快的笑脸、暖心的呼唤所带来的高度快乐。

还有一种观点：人生在世，“吃、穿”二字。

点评：虽然对这种观点的诟病不少，但笔者认为，这种观点不能说是完全错的，充其量只能认为其境界不高。吃、穿肯定是人所必需且应该追求的东西，但把吃、穿当成人生的唯一或人生最快乐的事情，则不值得提倡。

人生目的与快乐的意义

照俄国哲学家别林斯基的说法，世界上有两种人：一种虚度年华，另一种过着有意义的生活。在第一种人的眼里，生活就是一场睡眠，如果睡在既温暖又柔和的床铺上，那他便心满意足了；在第二种人眼里，可以说，生活就是建功立业，他就在完成功绩的过程中享受自己的幸福。

其实，哲学这门学科存在的目的，就在于让人们的生活更有意义。探讨人生目的，更是为了让人们的生活更有意义。“人这一生，怎么都是个活。”这是老百姓时不时会说的一句话。但人与人活得不同，区别就在于活的意义不一样。然而，无论人们生活的意义有何不同，他们都向往和追求快乐的生活。这个论断应该没有多大异议。这个论断依赖于一个哲学前提，它认为，每一个人都是自由且理性的，在理性的引导下，每一个人都具有自我认知、自我判断、自我选择和自我约束的能力。作为人的群体所组成的社会，理应保障和支持这种能力的发挥，以使每一个人都能够按照他所认为的快乐方式生活。

正如习近平总书记所说："人民对美好生活的向往，就是我们的奋斗目标。""美好生活"或许有着更丰富的内涵，但快乐肯定是其中之一，甚至是第一位的。

笔者也清楚，前述论断的争议主要在于对"快乐"的理解。本章既然把快乐作为人生的目的，那么，如何选择有意义的快乐，就直接决定了人生的意义。当然，"意义"本身是一个有争议的术语，本文就是从一般能够接受的意义上使用"意义"一词。

第二章

快乐的含义由价值观决定

价值观决定你追求什么样的快乐

快乐有多种类型、多个层次。那么，什么样的快乐才是人生值得追求的，从而使得人生更有意义呢？

一个人选择或追求什么样的快乐，主要由他的价值观决定。对“价值观”这个词，我们完全可以从字面意义上来理解，即什么东西在你看来是有价值，因而值得选择和追求的。

当然，这种“看”并非一个单纯的感官（视觉）活动，在绝大多数情况下，都伴随着大脑复杂的认知和思维活动。

纵观人的一生，其实只做了一件事情，那就是选择。往小的方面说，无论你考虑吃川菜或是粤菜，要做的事情就是选择；往大的方面说，无论你考虑做公务员还是经营企业，要做的事情还是选择；你若考虑娶张二妹还是李三妹为妻，要做的事情更是选择。选择伴随人的一生。

选择一般分为两个阶段，即“为什么”和“怎么样”。在人生历程中，对这两个问题的回答都需要当事人对自己的人生目的及与之相适应的生活方式有一个明确的认识。无论是为什么选择还是怎么样选择，都要以当事人自己对人生的价值判断为依据。

价值观就是通过调解人的选择方向对人的行为起作用，从而影响人的选择的结果。

具体说来，价值观的作用通过如下方式得到呈现：价值观是一个方向性的引领，它既决定一个人的快乐标准，也决定一个人获得快乐的行为方式。价值观反映了行为人对某种行为及其结果的评价，也反映了他对多种行为及其结果的权衡。由此让他清楚，在此时此刻，究竟哪一种快乐才是他自己真正需要进而值得追求的，从而决定从事或不从事该行为，以及从事哪一种行为。

价值观完全是一个主观标准。一个人秉持什么样的价值观，主要由他的经历、阅历、资历、学历，见识、学识、才识、胆识等方面决定。因此，价值观可以经过教育训练而成。在这个意义上，价值观具有恒定性和稳固性，即一个人的价值观相对说来是比较固定的。

但是，另一方面，上面的诸多“历”和“识”本身也是一个复杂的体系，其具体的作用过程受多种因素影响，甚至当事人当时的心情、情绪等也可能让他做出不同的选择，从而导致结果的不确定性。因此，价值观也具有可变性。

同理心是价值观的第一要素

学者对价值观的分类做了多方面的研究。

德国哲学家 E. 施普兰格尔将价值观区分为六种类型，分别是：理论的（重经验、理性）、政治的（重权力和影响）、经济的（重实用、功利）、审美的（重形式、和谐）、社会的（重利他和情爱）及宗教的（重宇宙奥秘）。

美国心理学家罗基奇于 1973 年提出了两类价值系统。其一是终极性价值系统，用来表示存在的理想化终极状态或结果，包括舒适、振奋的生活，成就感，和平、美丽的世界，平等，家庭保障，自由，幸福，内心平静，成熟的爱，国家安全，享乐，灵魂得到拯救，自尊，社会承认，真正的友谊，智慧。其二是工具性价值系统，是达到理想化终极状态所采用的行为方式或手段，包括有抱负、才能、心胸宽广、快活、整洁、勇敢、助人、诚实、富于想象、独立、理智、有逻辑性、钟情、顺从、有教养、有责任心、自控、仁慈。

行为科学家格雷夫斯通过对企业组织内各式人物所做的大量调查，就他们的价值观和生活作风进行分析，最后概括出以下七个等级：

第一级反应型：按照自己基本的生理需要作出反应，而不顾其他任何条件。这种人非常少见，实际上等于婴儿。

第二级部落型：依赖成性，服从于传统习惯和权势。

第三级自我中心型：信仰冷酷的个人主义，自私和爱挑衅，主要服从于权力。

第四级坚持己见型：对模棱两可的意见不能容忍，难于接受不同的价值观，却希望别人接受他们的价值观。

第五级玩弄权术型：通过摆弄别人、篡改事实，以达到个人目的，非常现实，积极争取地位和社会影响。

第六级社交中心型：把被人喜爱和与人相处看得重于自己的发展，受现实主义、权力主义和坚持己见者的排斥。

第七级存在主义型：能高度容忍模糊不清的意见和不同的观点，对制度和方针的僵化、空挂的职位、权力的强制使用敢于直言。

学者们的角度不同，说法各异，只是表明了价值观有着非常复杂的表现形式。在笔者看来，在讨论决定人生目的的价值观时，最重要的一个因素当是同理心。

1920年，英籍美国心理学家铁钦纳首度使用“同理心”一词，认为同理心源自身体上模仿他人的痛苦，从而引发相同的痛苦感受。同理心一词与同情心有区别，因为同情心并无感同身受之意。其后，学者们也多是在认识论、方法论角度使用这个词，其含义类似于中国俗语中的“推己及人”，或现代的时髦语言“换位思考”。

作为价值观的同理心，更接近于《论语》中的“己所不欲，勿施于人”，它表明的是一种人生态度，是做人做事的原则，而不只是一种做事的方法。同理心的基础是人人平等的观念。

快乐目的论之所以把同理心放在第一因素的位置，是因为它认为快乐是每一个人的人生目的，因而也是每一个人的追求对象。作为社会的人，当你在追求快乐的时候，你肯定不愿意他人的行为对你的追求产生干扰、阻碍和破坏。然而，你同时也应该最大限度地理解和容忍他人追求快乐的正当性和合理性。同理心在此确立了追求快乐的第一个原则：你可以采用你认为合适的任何方式追求自己的快乐，但不得因此影响他人追求快乐。

所以，同理心不是作为一个具体的价值评判标准决定着人们对快乐的取舍，而是作为一般原则，给人们取舍快乐时提供一个基本思路。

在现实生活中，你难免与同时也在追求快乐的他人产生冲突。典型的例子如张大哥和李二哥同时在追求王三妹。恰当的处置方案应当是把选择权交给王三妹，让王三妹决定到底是张大哥还是李二哥更让她快乐。如果张大哥的多金豪爽让王三妹快乐，李二哥的帅气多情也让王三妹快乐，王三妹自己难以取舍时，就需要考虑其他因素，比如道德、法律等。总之，决定权在王三妹手中，无论张大哥或者李二哥，都不能认为对方的追求行为不正当，因而予以干扰或阻碍。

我们应该具有什么样的价值观

一个人秉持什么样的价值观，完全由他本人的价值取向决定。无论他有什么样的价值观，就当事人而言，总是有其存在的道理，他人，实在不应对其妄加品评。进一步说，几乎所有的哲学大师，在批评别人的哲学观点时多充满洞见，然而，在提出自己的哲学主张时，往往错漏连连，又成为别人批评的对象。下面所谈，仅仅是笔者认为对人有益，因而值得加以注意或重视的价值观。

第一，羞耻心。

《圣经》上说，亚当、夏娃在伊甸园吃了苹果后看见自己赤身裸体，顿时产生一种羞耻感。

这里也有一个流传甚广的关于王阳明的故事。王阳明和一个盗贼谈良知。盗贼说："像我这样的人有什么良知？"王阳明让盗贼把衣服脱掉，盗贼照办了。接着王阳明又让盗贼脱掉裤子，直至要他脱掉内裤。盗贼不干了。王阳明说："你不愿意脱掉内裤，说明你还有羞耻之心，所以，我们还是可以谈良知的。"

上述两则故事都说明，羞耻心是人最底线的一个情感。

从心理学上说，羞耻心是人因行为、能力、外貌等方面而在内心产生的一种痛苦的情感体验。

人的羞耻心并不是与生俱来的。从进化的角度看，刚刚出现的人类始祖是没有羞耻心的。从个体的角度看，刚刚出生的婴儿同样是没有羞耻心的。人的羞耻心是后天的环境、文化、教育等多方面因素综合促成的。

著名作家二月河的小说《康熙大帝》中，康熙曾痛骂明珠："畜生是知足而不知羞，人是知羞而不知足。你既不知羞又不知足，算个什么东西？"这算是骂人骂到极点了。

在快乐目的论中，羞耻心的积极意义在于它启动了人们在追求快乐过程中的自省意识：某种东西或许是让我快乐并值得追求的，但是，这个过程会让我感到羞耻，所以不能追求这样的快乐。

人的羞耻心是后天的环境、文化、教育等多方面因素综合促成的

第二，敬畏感。

世界上总有一些东西是值得或应该让人敬畏的，如万能的上帝、浩渺的天空、威严的法律等，都可能让一些人感到敬畏。

敬畏是人在面对神圣、崇高、庄严或权威事物时产生的一种情感，这种情感的表现形式首先是恐惧，随之而来的是恐惧之下的服从。同时也伴随着尊敬、惊讶等表现。

敬畏的对象同样是很多的。对西方人而言，在某方面有一个统一的敬畏对象，那就是上帝。中国人缺乏这样一个统一的敬畏对象。孔夫子说："君子有三畏：畏天命，畏大人，畏圣人之言。"（出自《论语·季氏》）普通老百姓则是信"老天爷"、信命、信祖先、信圣人、信书、信金钱、信风水，等等，不一而足。

敬畏感在快乐目的论中的积极作用同样在于对追求快乐过程的约束。如果你敬畏某个对象，那么这个对象所反对或禁止的东西就是你不敢做、不能做，也不会做的。

然而，由于敬畏对象的复杂多样，形成的禁忌也是复杂多样的。从另一个方面看，它所允许，甚至提倡的东西也有千差万别。加上敬畏对象多带有神秘色彩（某种意义上说，正是因为神秘，才有了敬畏），就普通人来说，敬畏对象所禁忌或允许的东西，往往是他人重新解读过的东西，这就更加产生差异。结果，有的看起来十分虔诚的信徒，却往往做出一些非常邪恶的行为。典型的就是历史上某种宗教对异教徒的滥杀，以及今天恐怖分子对普通老百姓做出的恐吓行为。

可以这样说，一个人如果没有敬畏感，那么他的行为一定是可怕而有害的。但是，即使一个人有敬畏感，也不能确保他的行为不可怕或无害。

第三章

追求快乐是需要实力的

要有追求快乐的实力

快乐，是一个完全开放且竞争激烈的东西。所有的快乐都放在一个地方，让有意者获取。有的快乐的取得几乎不需要成本或成本很低，很容易得到。但是，也有很多快乐是众人追逐的对象。此时，你是否能够得到人生的快乐，那就真得看自己的本事了。

所以，要追求人生的快乐，仅仅靠“想”追求是不够的，必须付诸行动。这就要求行动者应当具备一定的行为能力。客观、公正、全面、准确地评估人的能力几乎是不可能的，因而，本章选择按照当今比较流行的关于智商与情商的话题，谈谈在追求快乐中需要什么样的能力，以及怎样获得这些能力。

常识和逻辑是两项最基本的能力

智商，即智力商数IQ，现在已经比较普遍地作为评价一个人智力高低的参数。

一般说来，智商反映人的认知能力、思维能力、语言能力、观察能力、计算能力、律动能力等理性能力，它可能是大脑皮层特别主要是主管抽象思维和分析思维的左半球大脑的功能。一个人的智商主要用于认识事物。智商高的人，思维品质优良、学习能力强、认识程度深，容易在某个专业领域作出杰出成就，成为某个领域的专家。

为了实现人生的快乐追求，在前文所述及的约束下，行为人应当充分发挥自己的才能。如谋取一份好工作所需要的专业技能、获得美女芳心所需要的幽默感等，都是智商方面的才能。然而，在所有与智商有关的能力中，笔者特别强调常识和逻辑这两种能力，因为，这是一个人必须具备的两项最基本的能力。

所谓常识，就是一些司空见惯并被普遍认识和认同的知识。专业人士对相关专业问题的一致看法也被认为是专业常识。

常识的最大特点是它的先天性。也就是说，常识是与生俱来的，每一个具有正常认知能力的人，对这一问题都持有相同的认识。正是这一特点，赋予了常识普遍而无可置疑的正当性。

当然，常识也有其他一些特点，比如它的变动性。在旧中国，婚姻讲究“父母之命，媒妁之言”，就是当时的常识，而到了现代，“自由恋爱、婚姻自主”则是常识。还有它的特定性，这其实也是常识的一种“后天性”，即由于生活经历、教育程度的不同，使得不同的人群对于常识的范围存在不同程度的认知。如法律专业人士和非法律专业人士对于“法律常识”就有着大相径庭的认知。尽管如此，对于同一个时代和相对接近的人群而言，常识仍不丧失其普遍认识和认同的性质。

逻辑一词有很多含义。本文所使用的“逻辑”，指的是人们思考问题的合理性，或这种思考过程本身的一些规则。

常识和逻辑的关系是：如果一件事情或一种现象是符合常识的，基本就算到此为止，公众不会对其产生异议而加以接受。但是如果某件事情或某种现象乍看起来是不那么符合常识的，那么就需要运用逻辑的力量，对这件事情或这种现象给出合理性的解释，否则，人们就会拒绝接受这件事情或认同这种现象。比如，一般人跑 100 米需要一二十秒的时间。如果有一个人声称他跑 100 米还用不了 10 秒的时间，他就必须说明，他受过长期的专业训练。

这个说明的过程，就是一个逻辑分析的过程。这种说明的说服力，来自逻辑推论所产生的结论，是常识无法否定的。但是逻辑本身也离不开常识。逻辑结论一般有两种情形：演绎结论的必然性和归纳结论的或然性。演绎结论的必然性依赖于其大前提和演绎推论过程的正确。演绎推论的过程问题是逻辑问题，大前提的问题则涉及常识问题。

借用法律术语可以这样表述：一个判断包含两个方面，即判断的内容和判断的形成过程。常识用来决定判断的内容，即判断的实体部分是否为真；逻辑则用来决定判断的形成过程，即判断的程序部分是否为真。

或许有人会说，选择品尝某个菜完全是个人喜好，根本达不到所谓常识和逻辑那样的高度。其实，在笔者看来，一个人的习惯就是一个人的常识。依据习惯做出的选择，就是依据常识所做出的选择。

在众多的学问中，与人的生活最为密切的学问不外乎科学和法律。而且，这两门学问也具有很高的权威性。如果某件事情被认为“不科学”或“违背法律”，那就意味着对该件事情的“死刑判决”了。

那么，常识和逻辑与科学和法律的关系究竟是怎样的呢？对科学和逻辑的一致性，想来没有人会提出异议。但许多人会指出，一些常识是违背科学的。比如，常识认为，当两个轻重不同的物体从高空坠落时，总是重的物体先落地。但是意大利物理学家伽利略用科学实验证明，这个常识是错误的。当两个轻重不同的物体从真空坠落时，其下落的速度是完全一样的。人们之所以有重物体先落地的感觉，那是由于存在空气阻力的缘故。

的确，并非所有的常识都是符合科学或者说都是正确的。所以，笔者才特别提出需要常识和逻辑并举，才有可能对事情或行为做出正确的判断和选择。尤其是要肯定一项不符合常识的东西，或者对某项看似符合常识的东西产生质疑时，逻辑在这里就会发生作用。

至于法律，不过是立法者根据自己的意志，选择一些人所共知的常识加以技术化、系统化和权威化。一个完善的法律，总是与常识和逻辑保持一致的。一些国家在司法实务中实行的陪审团制度，让非法律专业的普通公民对刑事和民事案件进行裁决，就充分体现了常识在法律中的地位和作用。有些常识其实是可能发生冲突的。比如，“杀人偿命”是一个常识（至少目前还是），“人若犯我我必犯人”也是一个常识。正是考虑到这两个常识可能发生冲突的状况，法律才规定了“正当防卫”的概念。

一个人提高自己的常识和逻辑水平的方法有很多，比如积累人生经验，比如阅读和学习，都是非常重要而且有效的。但是，笔者认为，其中最重要的，是要养成理性思维的习惯。

理性是人所特有的一种能力，即运用所掌握的知识和法则进行思维、判断，进而做出相应行动的能力。同时，理性也是处理事务的原则，在不同的语境中，与理性相对应的词有不同的表述，如“理性和感性”“提倡理性，破除迷信”“诉诸理性而不是诉诸权威”等。在后一种情形中，人们往往使用“理性思维”一词。

理性思维，简单地说，就是理智地思考、分析一个问题有没有道理。恩格斯对理性有两句名言，其一是：“一个民族想要站在科学的最高峰，就一刻也不能没有理论思维。”（《马克思恩格斯选集》第 3 卷，第 467 页）其二是对法国启蒙运动的赞语：“一切都必须在理性的法庭面前为自己的存在作辩护或者放弃存在的权利。”（《社会主义从空想到科学的发展》）。可见，在恩格斯看来，理性的地位也是非常高的。

理性思维，准确地说，就是不承认一切权威，不管这种权威是来自于职位上的、学问上的、宗教上的、金钱上的，或其他任何方面的，完全凭当事人自己的常识、逻辑和其他知识，对事物做出独立的思考和判断。当然，当事人也独立地承担这种思考和判断得出的决定所产生的后果。

前已述及，快乐目的论中的快乐不只是当事人的感官体验，也是他的一种理性判断。理性在此时的作用表现为：对相关事务进行详细的分析，以求得对其多方面的了解，包括对可能的后果的预测，以得出合于目的的判断。

理性也具有方向性，即人在进行理性思维时，总是带有一定的方向。这是理性思维的优点，同时也是其缺陷。最终的结果如何，全赖其方向是否适当。而这种方向的确定，首先也是由价值观决定的，其次行为人所掌握的信息、材料等，也对方向的确定有一定影响。

情商一定包含价值观因素

对自己有了相对清晰的认识,才有可能处理好与他人的关系。

在《情商：为什么情商比智商更重要》一书中，情商理论创始人彼得·沙洛维将情商划分为五个方面：了解自身情绪、管理情绪、自我激励、识别他人情绪、处理人际关系。最新的研究显示,一个人的成功,只有20%归诸智商,80%取决于情商。美国哈佛大学教授、《EQ》一书的作者丹尼尔·戈尔曼认为：“情商是决定人生成功与否的关键。”

艰难的就业、高企的房价、节节攀升的教育费用以及如无底洞般的医疗费用，使得当今国人负荷沉重。在这样的氛围中，如果缺乏较高的情商，则很难适应快节奏、强竞争的生活，也很难恰当地处理人际关系。如此，快乐也就无从谈起了。

情商高的人，通常对自己有着较清醒的认识，能够承受压力，遇到逆境和困难，懂得如何坚持以及如何调整。他以认真负责的态度对待他人和处理每件事情。在处理人际关系方面，他尊重所有人的尊严，不将自己的价值观强加于他人。当别人需要帮助时，乐于施以援手。对于别人提出的要求，他清楚什么时候该拒绝，且能够采用礼貌而果敢的方式说“不”。

相反，情商偏低的人，生活目标不明确，缺乏自信；太在乎他人对自己的看法和评价；情绪暴躁、焦虑，很少顾及他人的感受；无责任感，总有一大堆的借口为自己的失误开脱；怕困难，无恒心。

一个人的情商不是一成不变的，环境、经历，尤其是大的变故，都可能使人的情商发生改变。通过系统的培养和训练，也可能使人的情商得到较大的提升。

有必要说明，有的人把为人处世的圆滑、世故当成“情商高”，其实这是错误的，至少是不完善的。高情商的人通常能够与他人维持一种友好的关系，以使自己的周边环境维持一种和谐稳定的状态。但是，情商本身一定包含价值观的因素。超越价值观的行为，比如趋炎附势、攀龙附凤，甚至卖身投靠等行为，肯定不是高情商者所为。

情商高的人往往能以认真负责的态度对待他人和处理每件事情

金庸笔下的韦小宝，无疑是一个高情商人物的典型。但韦小宝处事始终坚持一个原则，那就是他与康熙和陈近南的义气。一旦要他突破这个原则，哪怕是以性命相威胁，他也坚持不做。

古希腊著名哲学家苏格拉底认为，认识自己就是认识心灵的内在原则。“善”是自然万物的内在原因和目的，具体到人身上，就是“德性”。一个人只有真正认识自己，才能实现自己的本性，完成自己的使命，成为一个有德性的人。而且，苏格拉底进一步指出，趋善避恶是人的本性，没有人自愿追求恶或他认为恶的东西，是行善还是作恶，关键取决于他的知识。因而，每个人在他有知识的事情上是善的，在他无知识的事情上则是恶的。

显然，在苏格拉底看来，知识以及对知识的追求，都是包含价值观因素的。

下篇

有关人性的生活哲学

第四章

与家人相处的哲学

家庭是社会的细胞，是最重要、最核心的社会组织和经济组织，也是人们最重要、最基本、最核心的精神家园。恰如人的身体一样，一般说来有几个病细胞不会影响到人的健康，但是，如果病细胞达到相当的程度，则肯定会对人的健康构成威胁，甚至可能致命。

在社会中，有几个存在很多问题的家庭是难免的。但是，作为社会的管理者，一定要尽可能减少问题家庭的数量和降低问题家庭所面临问题的严重程度，这样才不会对其他家庭和整个社会构成威胁。

所以，如何与家人相处，不单是一个家庭的内部问题，同时也是一个社会问题。

维系家庭的核心要素是亲情

亲情，指因亲近、亲密而产生的一种感情。一般说来，它特指家庭成员之间的那种特殊感情。即使将其扩展，也是指有血缘关系的人之间产生的感情，如舅甥之间、姑侄之间的感情等。

亲情是与生俱来的。一旦成为同一个家庭的成员或具有某种亲属关系，那么，这种亲情就自然而然地产生了。由此导致亲情的最大特点就在于不讲道理，或者说根本就没有道理可讲。而且，这种不讲道理还得到了社会的普遍承认、接受，甚至维护。只要你说“他是我儿子”，那么，你对他的任何维护都能够得到旁人最大限度的理解。

因为，社会一般认为，亲情于家庭是非常重要的。维护亲情，就是维护家庭的稳定和秩序，这对于整个社会也是有益的。而且，按照同理心的推断，他人也承认：“换成我，我也可能这样做。”

亲情的存在，使得家庭成员之间拥有其他人之间很难建立起来的特殊关系，比如信任。下文将述及，信任是一种非常奢侈的人际关系。人与人之间要达成信任关系，往往要凭借长期的了解和认同，或者借助某种外在的强制性约束力量。但家庭成员之间，一般说来是相互信任的，如果其间出现了某种信任

一旦相互之间成为同一个家庭的成员，这种亲情就自然而然地产生了

危机，一定是有某种特殊的情况出现。

家庭成员之间的互助，包括家庭成员成人各自组成小家庭之后，对原来的家庭成员之间的帮助，也是当今中国最有力、最有效的一种帮扶方式。这种帮扶虽然直接发生在家庭成员之间，但其效果，依然是对社会有益的。

当然，家庭成员也会有分歧，有时也会存在利益冲突。但是，在处理家庭问题时，一定要记住，在利益之上还有亲情存在。如此，亲情能够对这些冲突都发挥很好的缓解效果。

这里可能存在一个例外，那就是对吸毒者，尤其是那些毒瘾已经相当严重的人。在笔者的观念中，吸毒者由于受药物控制，或许已经完全丧失人性，也没有最基本的人伦亲情观念，对其不能按照正常人的思维方式来对待。负责任的做法是：一定不能让家庭成员染上吸毒的恶习。如果真的有亲人染此恶习，千万不要心存侥幸，一定要让他强制戒毒，并在确保其根本戒除毒瘾之前，让他处于某种隔离状态，以免他伤害包括亲人在内的其他人。

夫妻关系是家庭中最重要的关系

家庭是通过血缘、婚姻及收养关系产生的。在一个家庭内部，主要存在这样几种关系：夫妻关系、父母子女关系和兄弟姐妹关系等。在正常情况下，夫妻关系一定是家庭中最重要的，因而也是特别需要用心维系的。

即使在家庭内部，夫妻关系也有其特殊的地方。

一般说来，血缘是家庭的纽带。一个群体被称为一个家庭，最重要的特征是这个群体的成员之间存在血缘关系。然而，夫妻之间恰恰不具有，且不能有血缘关系，但这种关系往往还受到比血缘关系更严格的法律保护。

比如财产问题。父母或子女的财产，如果没有特别说明，就只能认为是父母或子女各自的财产，而不能认为既是父母也是子女的财产。相反，丈夫或妻子的财产，只要没有特别说明，就应当认定为既是丈夫也是妻子的财产。

法律规定都有非常明确的目的。法律之所以如此规定，是为了强调在一个家庭中夫妻财产的共同共有性质，以保护夫妻权利的平等。

从常理上讲，我们也能够理解夫妻关系的首要性。毕竟，夫妻关系是家庭产生的根源。只有先出现了夫妻关系，才能够衍生出其他家庭关系。

作为家庭中最重要的关系，夫妻之间的亲情更加重要。家庭，是夫妻之间盛装恩爱的一个容器。如果夫或妻都想着往这个容器里多放进去一点恩爱，那么，整个家庭就会充满恩爱。相反，如果夫或妻总是盘算着自己是不是付出太多，回报太少而吃亏了，那么，家庭中的恩爱就会越来越少，最终，不言而喻了。

不丹藏传佛教导师宗萨仁波切在《你真的懂爱么？》一书中说：假如你付出十块钱的爱，那么你是否要求对方至少付出八块钱的爱。如果对方付出的爱只有五块钱，你就会非常生气，你会试着告诉他你付出的是十块钱，因此他不能只回馈五块钱。通常我们在这个过程中就会发生争吵。我们吵嘴的时候都会说：我为这个家付出了这么多，可你呢？这表示我们一直在计算，试图维持感情方面的收支平衡。但我不认为这是真的爱，这种爱以自我为中心，很少真正考虑别人的感受。它以对方的付出来决定自己的付出，这是交易。

当然，这里说的都是理想情况或“应该”的情况。事实上，夫妻之间相爱的程度虽然不能用天平来称量，但从一般的反应或感受来说，两人并不是完全一样的，总有一方更爱对方一点。此时，两人的相处之道就用得着那句话：“爱者总是错的。”就是说，更爱的一方对另一方会有更多的退让和迁就。但这并不意味着对于更爱的一方就是一种委屈。根据快乐目的论，对心爱的人的退让和迁就，也是一种快乐。

人们常说，夫妻之间是一种讲情的关系，而不是讲理的关系。从感情（亲情）是夫妻关系的根本而言，这句话是对的。然而，几十年的夫妻相处中，单纯依靠亲情是不够的，夫妻之间不仅要用心，也要用脑。当然，这种用脑不是耍心眼，而是要启迪智慧，做真正让对方满意、快乐的事情。

笔者提倡一种积极的夫妻关系。

关于男人和女人对于家庭的理解的差异已经多有论述。笔者想指出一点：女人的家庭就是一个人，一个她喜欢和深爱并愿意与他厮守终生的男人。只要这个男人和她在一起，她就有家的感受。男人的家庭则是一个系统、一段历史。在男人眼中，妻子不可能成为家庭的全部，他的子女、父母、兄弟、三亲六戚，以及他过往的经历、逝去的远祖的辉煌等，都可能成为他的家庭观念的组成部分。

明白这个道理，更有利于妻子用脑处理好夫妻之间的一些关系。

在夫妻关系中，最重要的是性关系。

这是因为，夫妻关系得以成立，根本原因在于性关系的需要。性关系，是人类繁衍必需的一种关系，自然有着无与伦比的重要性。此外，对于人来说，性已经远远超出生殖的功能，而成为一种享乐的方式。人在性生活中，所得到的享受是多方面的，包括生理上的愉悦、情绪上的放松、情感上的确认以及心理上的征服欲望等。

对于人来说，性已经远远超出生殖功能，而成为一种享乐方式

从原则上说，夫妻应该是彼此唯一的性对象，只有在他们两人之间产生的性活动才是符合法律，也符合道德的。夫妻都能从共同的性生活中得到美好的感受，对于增进夫妻之间的感情具有莫大的帮助。

笔者认为，如果夫妻之间的性生活很好，夫妻关系再差，也差不到哪里去；相反，如果夫妻之间的性生活不和谐，夫妻关系再好，也好不到哪里去。

汉语中有一个词叫做“七年之痒”。痒，指的是人身体的一种不舒服，甚至带有病态的感觉。七年之痒，意思就是，经过七年左右，夫妻关系往往会产生一些负面的东西，甚至可能对夫妻关系构成威胁。

这里的“七年”当然是一个概略的说法，并非一定就是六年过后的一年。

有一种说法是，七年之痒是一个自然规律。因为人体的细胞在不停地死亡和更新，经过七年的时间，人体的细胞就会全部更新一遍。也就是说，七年之后的你和他（她），已经完全不是当初的那个你和他（她）了。导致当初产生爱意的细胞已经死亡，所以爱情要历经磨难。

这种说法显然不具有说服力。自然规律的作用不具有例外，但事实上我们清楚，并非所有的夫妻都有七年之痒的经历。而且，经过七年之后，人的父母兄弟之间的亲情、同事朋友之间的友情和其他记忆，都能够得到很好的保持。为何夫妻感情成为一个例外？这也明显缺乏说服力。

其实，造成七年之痒的罪魁祸首就是两个字——熟悉。夫妻之间共同生活了六七年时间，彼此在各个方面都很熟悉了。熟悉带来两个方面的恶果。

其一，流于懈怠。由于彼此成为一家人这么多年了，都认为关系已经相当稳固，所以有意无意之间，都对对方有所懈怠，不再如当初那样关心对方，也不再如当初那样在乎对方。人是一种很奇怪的东西：我虽然对你有所懈怠，但往往并无感觉或并无认识，但你对我的懈怠则特别敏感和在意。于是争吵便发生了。

其二，丧失新奇。如果说夫妻之间的相互了解是家庭幸福生活的助推器，那么，夫妻之间的熟悉对于夫妻性生活则是夺命刀。刺激减弱了、激情降低了、性趣分散了等，都使得夫妻生活的数量和质量大不如前。不愉快的种子也就埋下了。

由此可见，七年之痒其实就是一种失望之痒。原本对婚姻生活的种种美好期待，到头来都黯然失色。

所以，消除七年之痒的有效办法就是调整期待。恋爱是浪漫的，婚姻则是世俗的。职场、社会、人际、家庭、子女等，每一个问题都是非常实际的，容不得浪漫。所以，夫妻，尤其是妻子，应当抛弃还是小姑娘时的不切实际的幻想，站在一个家庭主妇的立场上看待和处理问题。作为丈夫，则要注意更加浪漫，至少不要过多地减少浪漫。你支撑一个家庭，确实辛苦。但是，妻子为你生儿育女、处理家务，也十分不易，不能让她太过失望。至少，在你们两人之间，适当的浪漫还是必要的。如一次牵手、一个拥抱、一束鲜花和一餐两人相处的晚宴，等等，都是你表达爱意的方式。

在漫长的婚姻生涯中，夫妻双方应大胆呈现爱意，总是让对方能够感觉到：你是爱他（她）的。加上顺畅的沟通交流和互相理解，在性生活上不断增添新意，那么，婚姻生活就能够充满生机和活力，夫妻就能够慢慢一起变老，成就人世间最浪漫、最美好的佳话。

孩子第一的家庭多半是悲剧

有这样一个故事：一个男孩喜欢一个姑娘，就向姑娘求爱。姑娘说，如果你能够把你妈妈的心给我拿来，我就答应你。男孩回到家中，取出了妈妈的心，兴冲冲地给姑娘送过去。这时，妈妈的心说话了："儿子，慢一点走，小心摔跤。"儿子顿时感动了，哭着向妈妈的心表示愧疚。妈妈的心又说："儿子，只要你好，妈妈做什么都愿意。”

这个故事，多被用来说明父母，尤其是母亲，对孩子的无私的爱。

在为人父母之后，一些人往往在这个事情上犯了糊涂：他们总是习惯于把孩子放在第一位，有意无意之间，对配偶却有所忽视或轻慢。

教育者刘长铭说：“凡是把孩子放在第一位的，等待这个家庭的多半是悲剧。”

这个判断富含哲理，也是诸多惨痛教训的总结。

简单地说，把孩子放在第一位，就意味着“为了孩子好”成为家庭的目的。但是我们清楚，“为了孩子好”的第一个要件是：给孩子一个健全的、充满爱的家庭生活。这就意味着父母之间的关系一定要先行处理好。这也就是刚才我们已经讨论过的问题：夫妻关系一定是家庭中最重要的关系。

笔者在这里发一点诛心之论：作为父母，千万不要动不动就把“为了孩子”这样的话挂在嘴边。根据快乐目的论，你所做的一切其实都不是为了孩子，而是为了你自己!

无法否认,孩子的生命是父母给予的,在孩子的成长过程中，父母付出了太多的金钱、时间和心力。但是，父母从孩子那里也收获了许多东西，并且，父母并非如父母所标榜的那样“为了孩子”而生养这个孩子，相反，父母一定是为了这些收获才生养孩子的。

父母从孩子那里获得的收益包括如下方面：生物学上的基因延续、传统文化上的传宗接代与光宗耀祖、社会学上的养儿（女）防老，以及孩子本身给你带来的愉悦和快乐。

生物学研究表明，基因有一种扩张性。它总是希望自己能够得到复制且尽可能多地得到复制。生儿育女就是满足了父母基因的这一需求。

传宗接代是针对个体的家庭而使用的术语，对于人类而言，其相应的表达是：人类的繁衍。显然，这项事务在人类的一切活动中处于最基本、最重要的位置。因为，只有能够繁衍，人类才有希望、有未来，人类所做的任何其他事务才具有意义。

对个体的家庭，道理是一样的。孩子寄托着父母的希望和未来，是父母精神的归依。生儿育女满足了父母传宗接代的需求，因此给父母带来的快乐，并不逊色于父母赋予孩子生命。

养儿（女）防老的问题比较麻烦。在当今中国，儿女所面临的经济负担和工作压力使其难以顾及对父母的赡养，相反，有不少所谓“啃老”“坑爹”的事例让人唏嘘。另外，随着社会保险制度的进一步健全和完善，养老问题的社会化解决是趋势，也不应该再由儿女承担养老的责任。

然而，如果我们不把“养”局限于经济上的帮扶（事实上依然有许多家庭目前还得依靠儿女养老），而是将其扩展为儿女对父母的慰藉，那么，儿女的诸多行为依然能够给父母的晚年带来很多快乐，使父母的晚年更加开心且有意义。比如，儿女为父母生下孙子辈、儿女事业有成等。

至于孩子本身给父母带来的乐趣，这个问题应该没有太多争议。为人父母者大都有过这样的经历：无论你在外面有多么辛劳，受到多大的委屈、挫折，一旦回到家中，儿女抱着你的脖子用稚嫩的声音喊着“爸爸”或“妈妈”时，那一瞬间，一切的不快都烟消云散了。

当你的儿女在游乐园的过山车上欢快地大吼大叫时，金钱的付出给孩子带来的快乐，远远比不上孩子的快乐带给你的成就感和自豪感。

真正为了孩子好，就应该尽可能减少父母的私心对孩子的妨碍，比如将自己未竟的希望寄托于孩子身上之类。这里需要提醒的是：孩子首先是他自己，其次才是你的孩子，同时他也是社会的一分子。

事实上，家庭是孩子最先接触的一个社会组织。他在这里感受、体验、学习、演练其后与其他社会组织打交道时所需的各种经验和技能。而且，在家庭中的这种培训是成本、代价最

爱心是一种对他人和他物的关怀，有爱心的最大好处在于能使孩子心理健康

低的培训。家庭培训的结果，往往对其一生有着重大的影响。

家庭带给孩子最重要的东西是什么？笔者认为，爱劳动和有爱心这两项是缺一不可的。

一个人爱劳动，意味着他有自食其力的能力，也有了在社会立足的最重要的本钱，父母就不会为他日后的生计问题太过发愁。

爱劳动包括两个方面的含义：其一，愿意参加劳动，认为劳动是一件体面的事情，靠自己的劳动挣钱维生是值得自豪的；其二，追求把自己的劳动成果做到更好，因此，必须不断提升自己的劳动技能。

有爱心的最大好处在于，使孩子心理健康。爱心是一种对他人和他物的关怀、爱护的感情。一个有爱心的人，是一个思想充实、胸怀宽广、具有包容心的人。这会使得他性格开朗、行为磊落。这样的人在心理上不太可能出现大的问题。

父母对子女的教育，最重要的一点在于以身作则。你希望子女成为什么样的人，那么，首先你自己就应该努力成为什么样的人。你希望子女家庭幸福、生活美满，你们夫妻之间就应该先做到相亲相爱；你希望子女工作认真努力，你就应该认真对待每一件事情。

孝顺父母，讲心更讲行

在谈及父母与子女关系时，笔者特别提醒父母应该尽量减少自己的私心对子女成长的妨碍。然而，从儿女的角度看，笔者又得强调儿女应该对父母抱有一种无条件的信任：无论如何，你的父母一定是这个世界上最不愿意，也最不可能伤害你的人。即使他们的某些做法事实上对你造成了某种伤害，那也是他们的认识水平、判断能力与你的出现了差异，或者某种客观因素使然。从主观上说，他们绝对没有故意伤害你的意思。

成年子女对待父母，最常使用的一个词是孝顺。孝顺，是心，也是行。

有这样一个故事：一个老画家颇有家资，子女也事业有成，都在国外发展。晚年的老人生活孤寂，有一个年轻人主动表示愿意照顾老人，同时也向老人学习绘画。老人的子女一直提醒老人小心，说这个年轻人就是贪图他的钱。对此，老人一笑置之。十多年后，老人去世，在遗嘱中将大部分财产留给了这个年轻人。老人在遗嘱中说："年轻人即使真的只是为了钱而不是因为感情而照顾我，但十多年对我任劳任怨、无微不至的照顾，假的也就成了真的；作为儿女，或许对我真的有感情，但十多年不给予照顾，那么真的也成假的了。"

与父母相处，很重要的一点是尊重其独立性。老年人都年轻过，所以你的想法，他能够感受和体会。但是，你却没有老过，因此，老年人的心思你未必明白。当老年人想做什么事时，只要这件事情无伤大雅，你顺着他就好了。

有一种说法，叫“老小”。意思是说，当人到了一定年纪，他的性格就和小孩差不多了：天真、任性，甚至有些不讲道理。这时的应对招数就是“哄”字诀。当然，这个哄，不完全等同于欺骗，而是多说一些顺耳的话，多做一些面子上的事，让他开心就是了。

无论如何，你是父母最大的寄托和依靠。只要他们能够看见你，那就是他们最开心的事情。所以，对父母的陪伴，是孝顺中必不可少的行为。

婆媳关系是理解，翁婿关系是“交易”

婆媳关系可能是中国人最难处理好的关系之一，两千多年来，似乎从来没有好好地处理过。俗语说的“多年的媳妇熬成婆”，一个“熬”字，饱含了多少心酸和无奈。

其实，婆媳关系处理不好，最受煎熬的可能还不是媳妇，而是媳妇的丈夫，也就是婆婆的儿子。这个男人夹在两个斗气的女人中间，而这两个女人的斗气多是因他而起，而他对这两个女人又都无可奈何，其境遇之惨可想而知。

近几十年,尤其是在城市,婆媳关系的状况有了很大的改善。笔者认为，改善的原因并非大家受教育程度高了，观念提升了，行为文明了或者心胸宽广了，而是因为居住环境的改善，使大家的生活方式发生了变化，使得婆媳关系的性质有了改变。

在过去，结婚后，小两口基本都是居住在男方的家中，媳妇被称为是“嫁到某家”。注意，这个某家并不是丈夫的家，而是公公婆婆的家，婆婆就是这个家的女主人。主人自有主人的权威和规矩，媳妇也只能够按照主人的规矩行事。如此，婆媳之间的矛盾时有发生。

现在，女子不再是“嫁到某家”，而是“嫁给某人”。婚后，小两口另起炉灶，并不与公婆住在一起。接触少了，发生冲突的机会也就少了。同时，这也导致婆媳之间观念的变化。比如，即使婆婆来到儿子家中居住，她也是以客人的身份出现在这个家中。这个家不是她的家，而是她的儿子和媳妇的家，家的女主人是媳妇。这种关系的改变会导致婆婆行为方式方面的改变。

或许读者已经看出，笔者在这里把婆媳纠纷的主要原因归咎于婆婆方面。确实如此。笔者认为，婆媳纠纷产生的根本原因是控制欲之争。这既包括对人（婆婆的儿子，也就是媳妇的丈夫）的控制欲，也包括对家庭事务方面的控制欲。

在婆婆眼中，儿子是自己一把屎、一把尿拉扯大的。在媳妇到来之前，自己对儿子具有相当的控制能力（事实上是否有这种控制能力不重要，因为没有人来竞争这个控制权，所以这个权力也就显示不出它的价值），儿子对自己也具有完全的爱。但是，来了一个“外人”，而且还是一个女人，来争夺对儿子的控制权和分享儿子的爱，婆婆心理就失衡了。

在家庭事务方面的情况类似。以前都是婆婆一人说了算，现在多了一个说三道四、指手画脚的人，这也让婆婆不爽。

对于这两个方面的问题，相对说来，媳妇的心理准备要充分得多。一则，婆婆毕竟是长辈，理应对她有相当的尊重；二则，自己是一个胜利者，胜利者的胸怀多是比较宽广的，很少主动挑起与失利者的争斗，除非她认为自己的胜利果实岌岌可危。

婆媳关系的难处也有其社会学和心理学的根源。

在称谓上，媳妇喊婆婆为“妈”，这本是世界上最亲切的称呼。然而，婆媳之间既没有血缘产生的亲情，也没有抚养产生的亲情，由此这种“妈”的称呼更多是习惯上的、礼仪上的，而不是发自内心的感情。有最亲密关系之名而无亲密关系之实，诸多尴尬就在所难免了。

翁婿关系相对来说比较简单，界限很清楚。无论是岳父母还是女婿，既没有认为自己是对方家庭的人，也没有把对方看作自己家庭的人。所以，双方基本上都能够理性地保持一种礼仪上的友好关系。

这种理性的友好还有如下原因：岳父母认为自己的女儿是嫁到他家或嫁给他人，心中对女儿总是有着牵挂，对于女儿未来在夫家的生活有一种不安定感。为了女儿未来的幸福，岳父母骨子里和女婿之间存在一种“交易”关系：我们对你好，是希望以此换取你对我们的女儿好。

所以，一般说来，只要女儿和女婿之间不出现大的问题，岳父母和女婿之间也不会有什么摩擦产生。

第五章

与他人相处的哲学

决定人际关系远近的第一要素是欣赏

人的一生要和许多人建立各种各样的关系，其中有的关系是可以选择的，比如配偶、朋友，但有更多的关系可能是你无法选择的，比如父母兄弟、同学同事之间的关系等。

与家人以外的其他人相处，都存在关系远近的问题。同样是同学，有的你大老远就会和他打招呼，甚至热烈拥抱；有的你最多是点一下头表示礼貌。

决定人与人之间关系远近的首要因素是欣赏。当你打算和某人有进一步接触的时候，一定是他的某一方面或某些方面让你欣赏。欣赏可以是感官的，比如她长得漂亮，或他长得帅气，说话悦耳动听。也有可能是性格方面的，比如他耿直、豪爽、大气。还可能是理性的，比如他聪明、智慧、有思想。也有可能是利益方面的，比如他位高权重、富甲一方，可能为你提供某种帮助等。

这种欣赏一定是相互的。即使你先欣赏对方而发出进一步接触的信号，也要得到他的回应。或者说，要让你们的接触得以持续，一定是对方也认为你有值得他欣赏的地方。

一个人能够得到他人的欣赏，意味着至少他在某一方面有过人之处。每一个人都有得到他人欣赏的愿望。因此，对他人的欣赏，就是对他人的尊重和肯定。在生活中，我们应当善于发现别人的优点，善于欣赏他人，这对于建立良好的人际关系非常重要。

欣赏他人，意味着为自己找到一个学习的样板。欣赏一个人的善良，就是在自己心中种下了悲悯的种子；欣赏一个人的大度，就是扩展了自己的胸怀；欣赏一个人的聪慧，阅读求知就可能成为自己的一个行为方式。

欣赏不仅利己，还利他、利社会。如果人人都能够彼此欣赏、相互尊重、相互学习，必然为整个社会营造一个良好的氛围。

认识你自己，是处理好人际关系的前提

要想处理好你与其他人的关系，首先必须处理好你与你自

己的关系。

“认识你自己”是一个永恒的哲学论题。

古希腊德尔菲神庙门楣上镌刻着这样一个神谕——“认识你自己”。苏格拉底常用这句话教育弟子。老子也常说：“知人者智，自知者明。”

自文艺复兴以来，对理性的尊崇使得人的认识过多地集中在理性层面。这方面最典型的观点就是经济学界关于所谓“经济人”的表述。该观点认为，人的思考和行为具有完全的理性，这种理性的方向在于促使物质利益的最大化。

20世纪后半期以来，“经济人”假设越来越受到学界的质疑。例如，“社会人”概念就认为，作为一种社会存在，除了物质经济利益之外，人还追求安全、自尊、情感、社会地位等方面的需要。人的选择建立在个人的社会经验、不断学习的过程以及作为其日常生活组成部分的个人之间的相互作用的基础之上。因此，人的行为直接依赖于他生活于其中的社会文化环境，应从每个人的现实存在和他与环境的关系上去理解人，即解释人的行为。

2002年诺贝尔经济学奖得主丹尼尔·卡内曼提出，人类的思考过程其实更多依赖于直觉而非逻辑思维。

笔者认为，绝大多数人在绝大多数情况下，或许存在着一种理性思考、利益驱动的模式。但无可否认的是，恐惧、贪婪、喜爱等非理性因素，对人的决定也有着重大的影响，有时甚至是决定性的影响。不仅人对一般的“人”认识尚不够深入，具体的个人对自己的认识同样存在多种误区。

就快乐目的论的讨论范围而言，人最容易犯的错误是不清楚什么是自己真正的快乐，因而不知道自己真正追求什么。

典型的表现方式有以下两种。

其一，过分自信，或者说，过分贪婪。认为所有自己想要的东西都应该属于自己，也能够属于自己，因而四处出击、攻城略地，西瓜要抢，芝麻也不放过。结果显然是不能如其所愿的，至于最终他能够拿到手的是什么，对他有什么价值，可能都是一笔糊涂账。

其二，过分被动，或者说，过分盲目。认为什么都是注定的，完全缺乏主动选择的意识，靠机会、靠运气。这样的人由于缺乏自主意识，没有相应的能力储备，往往是机会来了抓不住，运气总是与自己擦肩而过。结果是芝麻揽了一大堆，西瓜一个也没拿到。

所以，对于具体的个人而言，认识你自己，最重要的就在于认识什么才是你真正需要的快乐。这既包括一生的宏伟蓝图，也包含每一个人生阶段，甚至每一项具体事务的明确目标。

当然，这样的蓝图或目标不一定具体，但一定要清晰，还应具有事情变化后的适时调整能力。

朋友相处之道在义气

与朋友的相处之“道”是一个变化着的概念。传统之“道”在义气，讲的是朋友之间的情投意合，比较反感朋友之间发生利益或利用的关系。

依据快乐目的论，人与人之间产生吸引的原因在于，他的出现给你的快乐提供了增值。这种增值既可以直接导致愉悦程度的上升，也可以通过物质、地位等满足对于财富、安全、信任等方面的需求。

今天的朋友关系，更多的或许还是出于利益关系。你愿意与他交朋友，很多情况下都是因为你认为他对你“有用”。“朋友”甚至成为一个被滥用的术语。一有机会，你可能就会对他人说，某个声名显赫的人物是你的朋友，昨天晚上你们还一起吃饭了。事实真相是：昨天一起吃饭的有几十人，除了觍着脸过去给他敬了一杯酒外，你没有和他说上一句话。他对于你几乎一无所知。下次见面，基本可以断定他不再认识你。但你需要这样的吹牛，因为这能够满足你的虚荣心，让你在别人面前很有面子。

在今天这种处处弥漫着一种交易气息的大环境中，要求朋友之间不发生帮助、利用关系可能有些太过奢侈了。但是，无论如何，不能把朋友关系当作纯粹的相互利用关系，既然是朋友，就应该保留一点朋友的情分，否则，你们之间称为“合作伙伴”，岂不更加恰当？

而且，朋友之间准备合作做生意之前，一定要有相当的心理准备：朋友聚在一起，就是为了挣点钱。千万不能因为钱，闹得连朋友都没得做了，这叫做得不偿失。

什么是朋友之间的情分？

这个概念很难定义。这种情分与源于血缘的亲情、源于地域的乡情等不同，是两人基于相互欣赏而产生出来的友情。友情完全发自当事人的内心，没有任何外在的道德或法律强制力。在某种意义上，友情显得不可理喻。

友情，最贵重的在于发自内心。因而，友情常常给人非常温馨、非常美好，令人温暖、令人感动的印象。在你委顿之时，友情可能令你振奋；在你失意之时，友情可能给你希望；在你濒临破产跳楼之际，朋友的援手不仅挽救了你的生命，还可能让你的企业再度辉煌。

友情的缺点在于某种不稳定性。今天他和你有友情，不等于明天他和你还有友情；他在此事上对你讲友情，不等于他在彼事上也对你讲友情。

友情常常给人非常温馨、美好，令人温暖、感动的印象

要想维系友情（如果这种友情确实是值得维系的，也就是出于对某种品行的欣赏而产生的友情，而不是完全相互利用而产生的“友情”），最重要的就在于我们前面说过的同理心——朋友相交，贵在知心。

朋友之间存在一种同苦同乐的关系。朋友开心，你为他高兴；朋友成功，你分享他的快乐；朋友遇到挫折，你给予鼓励；朋友需要帮助，你挺身而出，为他两肋插刀。

朋友之间，一定不要强人所难。友情之珍贵在于发自内心。所以，无论朋友为你做什么，一定是他自愿为你做的。当然，你可以采用合适的方式告知或暗示需要他的帮助，但是不能要求他一定给予你什么样的帮助。因为无论在法律或道义上，他都没有帮助你的义务。如果朋友未能给予你需要的帮助，你应该理解和接受，而不应有怨责。如果因为朋友没能给你帮助，你就不再认这个朋友，那就不认好了。说实话，你的那位朋友也未必愿意再搭理你。

朋友之间的最大伤害就是背叛。作为相知较深的朋友，你可能知道一些他的隐私或个性化的想法，但这只能作为你们之间共同的秘密而隐藏于心中。除非这个秘密危害他人的生命财产安全或社会安全，否则，在任何时候，你都不能将其泄露，更不能以此作为换取某种现实利益的条件。

由于人们对友情的理解不一，因而，对于某些特定职业的人来说，在交友时要特别慎重。假设你是监察、司法部门的工作人员，如果朋友涉嫌某宗案件，其亲朋好友拜托你帮忙时，你可能就陷入两难：帮，有负于职业操守；不帮，又有违朋友间的义气。即使你在职业操守和朋友义气之间做出了正确的选择而不帮，然而，有一句格言叫做“一个人的朋友就是一个人的历史”。你究竟是怎样一个人，从你交往的朋友圈可窥见一斑。

一个良善的朋友圈，将成为你历史中最光明的一面。相反，假设你是一个反贪局的公职人员，你的朋友中有多人成了贪官，即使你自己确实没有贪腐，也会让你的领导、同事或其他人对你产生不好的看法。

在笔者看来，真正的朋友是可遇而不可求的。美国政治家本杰明·富兰克林说：“有三个朋友是忠实可靠的——老妻，老狗，与现款。”显然，这三者都不是我们所说的朋友。古希腊哲学家亚里士多德说得非常精辟：“我的朋友们呀！世界上根本没有朋友。”

朋友在精而不在多。能够真正知心交心的朋友，有一二人足矣。那些号称朋友遍天下的人，很有可能没有一个真朋友。

尊重对手才能战胜对手

作为社会中的人，总要与他人存在一定的利益相关性，很多时候，这种相关性甚至可能成为一种利益冲突。就是说，该利益具有某种排他性：一旦你获得此项利益，他人即不可能获得该利益；如果某个人获得该项利益，你将不可能再获得该利益。在发生这种利益冲突的场合，所有的利益竞争者都成了你的潜在对手。

人的一生会面临许多利益冲突，所以，人的一生也会面对许多对手。如何战胜对手而获取希望中的利益，实现快乐的人生，也是人生必须处理好的一个问题。

有一句格言是："两个相差很大的人可以成为朋友，但不可能成为对手。"理由很简单：他不配！所以，能成为别人的对手，对你而言是一件幸事，这意味着你具有相当的价值。反过来看，对于对手，你也应该报以相当的尊重。对你而言，对手还有一个积极意义——鲶鱼效应。对手的存在，可能使你兴奋，让你能够保持最佳的竞争状态和参与竞争，从而取得更好的效果。对手的不断出现，迫使你不断地自我提升和自我完善。

在开放的公平竞争场合，对手的出现是正常的，而且往往是必然的。公平竞争的存在，对你、对他人、对你的领导、对你所在的单位，以至对整个社会，都是有益的。所以，你只能坦然接受这个现实，而不能有任何怨责或其他负面情绪。

对于对手，在战略上应该蔑视或轻慢他。你要相信自己是最棒的，任何人都不会成为你的对手。只要踏踏实实按照自己的既定方针做好应该做的事情，成功的桃子一定会落入你的囊中。但是，在战术上，你则需要认真对待你的对手。无论如何，对手的出现给你的征途增加了障碍。

如果没有对手时，你已经准备作出十分的努力；有了对手，你至少要付出十二分的努力。你需要对对手进行仔细评估，预判其可能采取的战术，然后制订针对性的应对方案。

需要引起注意的是另一种性质的对手，它不是一个人，而是一个或一连串的行为。当然这些行为也是由人作出的。

世界上总存在着一些心理阴暗的人，他们见不得别人的成功，即使这种成功并没有成为自己成功的障碍。这就是典型的损人不利己。他们可能使出种种阴毒的招数，耽误你的时间、干扰你的环境、扰乱你的心情。笔者认为，在这种情况下，你的真正对手或敌人并不是这些行为或做出这些行为的人，而是你自己。

首先，你要清楚，能够做出上述行为的人，一定是你周围的人，甚至可能是你的朋友或亲属。所以，对于他们的行为，

在公平竞争场合，对手的出现很正常。对手的不断出现，迫使你不断提升和完善自我

你不能一概视之为干扰而心烦意乱。或许，他们的一些负面语言也有一点合理成分。比如，你的知识结构或复习方法对于你即将面临的考试确实存在缺陷。此时，你应该立即想办法弥补。

其次，不要想着去争辩或者试图说服他们，哪怕是对很亲近的人。此时，任何语言都是软弱无力的，只有结果才是制胜的利器。

再次，之所以说此时的敌人是你自己，是因为这是对你的毅力、定力、恒心、决心的考验。你对目标是否坚定，你对要达到目标所做的准备是否充分等，都会在面临干扰时显现出来。

战胜你自己，一定是取得成功的第一要义。

我们提倡竞争、鼓励竞争。但是，作为个体而言，没有必要人为地树立竞争对手。利益最大化和成本最小化，依然是每一个人的行事准则。尤其在职场，同事之间不能因为现实或可能的竞争关系而影响和谐相处，甚至影响工作。把心思放在做好自己的工作上，而不是用在防范所谓的对手上，更有可能获得领导的青睐。

第六章

与情感相关的哲学问题

爱情是浪漫和利益的权衡

笔者把爱情单独成章，而不是放在家庭部分讨论，明显表达了一个观点：爱情和婚姻不是，至少不完全是一回事。虽然从理论上说，有爱情的婚姻才是人性的、美好的，但无论从结果还是从性质上看，两者都有着很大的区别。

从结果上看，现实生活中，至今还存在着有爱情不一定能结婚，或虽结婚了，却没有（至少当时还没有）爱情的情形。从性质上分析，爱情是一男一女感情上彼此之间的喜欢、爱慕，其关系局限于两人之间，而婚姻就不单单是感情问题，还涉及许多物质（如金钱）或非物质（如门第、地位）的现实利益。婚姻也不仅仅是两个人之间的事情，至少涉及男女两个家庭的多方面事情。可以认为，爱情是浪漫的、精神的，而婚姻则是世俗的、物质的。

“爱与死是永恒的话题。”这是文学家说的话。实际上，哲学家也是这样做的。不少哲学家都对爱与死这两个人生无法绕过去的话题进行过深入的探讨，但很难说得出一个相对能够为世人所接受的观点。

爱的滋味

什么是爱？或者说，我是不是真的爱上了他（她）？这个问题的答案依然是很难确定的。

既然爱情是人人都追求的东西，可以肯定，爱情总体上一定是能够给人带来快乐的。

具体说来，这些快乐包括如下方面。

第一，感官上的美好，也就是俗话说的“情人眼里出西施”。一旦你爱上了她（爱上他也一样，为行文简便，本节的相关内容均作此理解），那么，她在你眼中都是最美的。即使客观上有人确实比她更漂亮，但她依然是最能让你赏心悦目的一个。

这种美好会无限延伸：你会觉得天空、气候、环境、周围的人和事都一下子变得美好起来。即使对你的敌人，你也会变得宽容大度，用灰姑娘辛德瑞拉的话说："幸福使我饶恕了你们。"

第二，亲近的感觉。和你所爱的人在一起，你会有一种比和与你有血缘关系的亲人在一起更亲近的感觉，你会觉得温馨、甜蜜，觉得舒适、安全。

第三，你会有一种自豪感，或者说，得意的情绪。一旦恋爱，你会以对方为荣，你的自信心会得到放大。你会忍不住向你亲近的人分享这种快乐，渴望得到他们的肯定和赞许。

第四，占有欲和控制欲也随之产生。你会把对方当成你的专有，你会认为你和她之间存在一种"最高级别"的特殊关系。你会特别在意她和异性的交往，会对她的其他方面的行为，甚至包括她对其父母的行为，都试图加以干预。即使出于某种考虑，你实际上没有这样做，但并不妨碍你心中这样想。

第五，性的冲动。这种性冲动是广义的，包括由性激素分泌引起的性器官的反应，也包括异性之间的一些亲密接触，如拥抱、亲吻、抚摸等。

爱情是情与欲的结合体。欲望是一种性冲动，本质上是生理的，产生于人的本能条件反射。但是，爱情也有非常强烈的情感成分。面对一个你十分厌恶的异性，你的生理本能很难产生出想与她亲近的反应。

爱情固然是相互的，但爱却存在着单方面的情形，即单相思。

这并不意味着，这种单相思收获的恰恰就是痛苦。有一种比较流行的说法，叫做“爱是给予，而不是索取”。这一说法与快乐目的论不相符。根据快乐目的论，人的行为只对自己的快乐负责，而与他人的快乐无涉，除非这种他人的快乐也能给你自己带来快乐。即使你付出的爱没有得到回报，也就是所谓的单相思，同样存在着非常美妙的快感。自己躺在床上，回忆着心爱的人的一颦一笑，内心依然荡漾着甜美。即使你选择放弃，也是为了寻求痛苦的解脱。这是另一种意义上的快乐的获得。至于你信奉“爱是让我所爱的人快乐，既然她不爱我，那我就选择离开，让她去寻找她自己的快乐”，那也是因为你坚持信仰所带来的快乐，战胜了你获得爱情所带来的快乐。

与此相对照，被爱则可能表现为痛苦。当你面对一个真心爱你而你却肯定不能予以回报的人，如何处理这个爱，要考验的是你的智商和情商：你既不能委屈自己答应她，也不能因为你的拒绝而伤害她。首先，她爱你，是对你的高度奖赏。俗话说：“伸手不打笑脸人。”对于你的追求者，你不应该对她做出过分的举动。其次，如果处理不当，可能会影响你试图给人留下的好印象，这对你的爱情经历是一个负因子。最后，如果你已经有恋人，还得考虑不能因此在你和恋人之间造成误会。

还有一种情况是，被两个或者多个异性爱上所带来的痛苦。

比如，你周旋于两个爱你的女人之间，很可能连一件新衣服都不能穿。因为，当你穿着一件新衣服出现在一个女人面前时，另一个女人会问：“谁给你买的衣服？”你将无言以对。她知道你是不会给自己买新衣服的。为了避免这类麻烦，当某个女人试图给你买衣服以表达爱意时，你只有婉拒了：“我有很多衣服，用不着了。”

一见钟情与日久生情

一般说来，爱情的产生有两种形式：一见钟情和日久生情。

在笔者的观念中，纯粹的爱情就是一见钟情，是那种一男一女，哪怕偶然相遇即产生的电闪雷鸣的感觉。这种感觉完全没有任何理由，甚至无法表达。如果非要给出一个说法，或许如下的语句还比较适合当时的实际情况：“我就是喜欢得不得了！”

“一见钟情”一词出自清朝墨浪子《西湖佳话》中苏小小对阮郎言：“乃蒙郎君一见钟情，故贱妾有感于心。”

苏小小的故事中，对一见钟情和爱情有很好的诠释。

《新编绘图今古奇观》第四十四卷《苏小小魂断西泠桥》中记述的是，苏小小乘坐一辆四围幔幕垂垂的油壁车在西湖边游玩，引得杭城众人“慕者慕，想者想，而不知涎垂几许矣”。

更“有豪华公子、科甲乡绅，或欲谋为歌姬，或欲取为侍妾，情愿出千金，不惜纷纷来说。苏小小尽皆辞去”。

对此，苏小小的想法是：“富贵贫贱，皆系于命，若命中果有金屋之福，便决不生于娼妓之家。今既生于娼妓之家，则非金屋之命可知矣。倘入侯门，河东狮子，虽不逞威；三五小星，也须生妒。况豪华非耐久之物，富贵无一定之情，入身易，出头难，倒不如移金谷之名花，置之日中之市。嗅于鼻，谁不怜香？触之目，谁不爱色？千金一笑，花柳定自来争；十斛片时，风月何曾肯让。况香奁标美，有如钓饵甜甜；彤管飞声，不啻溪桃片片。”

她与阮郎的相识经过是：“一日，苏小小乘油壁车去游春，断桥弯角处迎面遇着一人骑马过来，那青骢马受惊，颠下一位少年郎君。

“小小吃了一惊，正待下车探视，那少年郎君已起身施礼。小小过意不去，报以歉然一笑。”

这个少年郎君就是阮郁。“他见小小端坐香车之中，宛如仙子，一时竟看呆了。直到小小驱车而去，阮郁才回过神来，赶紧向路人打听小小的来历住处。当他得知小小出身于妓家时，不禁叹一声‘可惜’。

“阮郁回到住处，小小的身影总是浮现在眼前，茶食无味，辗转难眠。他想，既是歌伎，与她相识一番，也是人生乐事！

“第二天一早，阮郁骑着青骢马，叫人挑着厚礼，径直来到西泠桥畔。”

这几段描述说明了以下几点。

第一，杭城其他众人对苏小小的爱慕并非一见钟情，因为他们甚至连苏小小的面都未曾见过。爱慕产生的原因并非相见相识，传闻、名声、好奇等，都有可能导致爱慕的产生。

第二，阮郎对苏小小一见钟情，其表现形式是“看呆了”“茶食无味，辗转难眠”。一见钟情虽然是以感官的愉悦作为切入点，但并不排斥理性的思考，只是最终理性思考未能战胜感官的愉悦，或者说，理性思考只是为进一步满足感官的愉悦寻找一个借口。也可以把话说得好听一点：理性思考为进一步满足感官的愉悦提供了更加充足的理由。

第三，涉及嫁娶之类的婚姻行为，当事人的想法就多了，许多的利害分析纷至沓来。

第四，在爱情问题上，究竟是感性战胜理性还是理性战胜感性并没有一个定数，完全由当事人当时的心境决定。

一见钟情并非只是男人对于女人，女人对男人也有一见钟情的时候。英国赫特福德大学教授魏斯曼做过一个实验，让100名寻找终身伴侣的单身族，每人与十名异性快速约会，并对约会对象进行魅力评分，然后决定是否愿意再与对方进一步接触。结果发现，多数人在30秒内就做出决定，并且女性做决定的时间更短。

魏斯曼得出结论：通常认为男性只看重女性的外表，实验显示的结果则相反。对于外表，女性比男性更加在意，也更加挑剔。

一见钟情的确非常美妙、动人心魄。可以说，每一个男人或女人都渴望有一见钟情的艳遇。然而，一见钟情是可遇而不可求的，这对对方的要求相当高。他（她）或者有惊世骇俗的容颜，或者有卓尔不群的才华，至少，有独领风骚的特殊气质或行为特点。

瑞士心理学家卡尔·荣格认为，每一个男人的潜意识里都有一个女性形象，他称之为“阿尼玛”。阿尼玛是一个自然的原型，它总是预先存在于男人的情绪、冲动之中，存在于男人精神生活中自发的其他事件里，是男人各种情感的混合体。当一个男人遇到一个女人时，潜意识里的阿尼玛就有了一种具体的形态。如果这个形态与他的阿尼玛相契合，则男人易于动心从而展开追求。契合度越高，男人的反应越强烈。契合度达到相当的程度，一见钟情就出现了。

在女人的潜意识里也存在一个阿尼姆斯，是向女人传送着

一见钟情非常美妙、荡人心魄，每一个男人或女人都有一见钟情的艳遇的渴望

“男人应该是什么样”的一个模板。该女人的父亲在阿尼姆斯的内容和细节构成方面起着很大的作用。阿尼姆斯犹如一个内心伙伴，赋予女人进取心、勇气和精神的智慧等品性。在与异性交往时，阿尼姆斯的作用类似于阿尼玛对于男人的作用。

日久生情的字面含义是：相处的时间长了，就会产生感情。

相对于一见钟情，人们对日久生情的关注要少得多。这一方面在于日久生情是绝大多数人遇到的一种状态，因而视其为自然而然；另一方面，日久生情也缺乏一见钟情那样的浪漫、刺激和故事性，骚人墨客少有兴趣付诸笔墨。

日久生情的逻辑链条是：作为社会的人，为了与他人相处，总是希望了解对方，同时也希望得到对方的了解。随着双方的相互了解，其他各种情感就可能随之产生，其中包括爱情。

日久生情之所以成为爱情的常态，这固然是因为有自己经历或周边事例的支持，同时理论上也认为，爱情是需要积累的，人们相互了解的过程就是一个增强认识、积累感情的过程。所以，一定的时间成本是需要的。

一见钟情为人提供的是一种强烈的情感刺激。这种情感刺激为双方的进一步接触奠定了基础。至于进一步接触的结果，还要依靠双方相处所积累的感情。当爱情发展到步入婚姻的程度，多是要经历日久生情的过程。尽管如此，不能认为一见钟情就是不稳定、不可靠的，因为，一见钟情所带来的强烈的美感，很可能促使双方更有耐心去理解对方、包容对方。

美国西北大学的社会心理学家艾里·芬克尔和保罗·伊斯威克研究发现，男女在择偶时的第一感觉其实差不多，他们最先考虑的都是身体和生理上的吸引力，其次考虑的是个人性格方面的因素。至于赚钱的能力，只能排在第三位。这也从另一个方面说明了“见”对于爱情的产生如何重要。

爱的生理基础与文化内涵

爱情虽然被称之为一种感情，但同时也是一种哺乳动物的本能。剥去人所赋予的光环，爱情的本来含义就是性欲，是生理上对于异性的需求，与饥饿、口渴、困倦一样，属于人的自然生理需求。爱情的生物学基础就是性，性激素睾酮和雌激素则是爱情的操纵者。性器官分泌出睾丸激素，它进一步刺激多巴胺的分泌，从而提高人的注意力和行为的目的性。去甲肾上腺素会使人心跳加速或茶饭不思，造成我们常见的某些“爱情反应”。

美国研究人员的研究结果表明，爱情是大脑而非心脏的产物，脑部图像、激素和遗传学揭示了爱情的本质。一个人在恋爱时，大脑会释放出神经递质激素（多巴胺、5-羟色胺）、去甲肾上腺素、安非他明等化学物质，这些化学物质刺激大脑的愉悦中心，使得恋爱者激动，心率增加，以及食欲减退、失眠等。

爱情之疯狂,就在于这是生理本能作用下的激动和非理性，所以，爱情中的激情总是和性联系在一起的。做爱、拥抱、接吻等性活动是激情的直接显现；那种刻骨铭心的思念，同样是性主导下的激情显现。

人类赋予爱情这样一个美妙的词汇，完全在于文化或者文明的需要。

然而，人都是在一定的文化背景中成长起来的，所以，人们的爱情观实际上已经附加了太多的文化内涵，相对说来，爱情的生理含义被忽视了，或者被羞于提及。

从文化上看，爱情是人的一种精神食粮，并且也确实起着增强意志、壮大力量的作用。

正是因为文化的作用，使得人的爱情与动物的性欲有了很大的不同。动物之间的交媾是纯生理的需求，以繁衍为唯一目的，虽然也存在择偶问题，但不存在因对交媾对象不满意而使得交媾不能进行的情形。但人之间的性活动，固然有着生理上的需求，有繁衍后代的目的，但更多时候是心理、情感的需求，并以性生活作为一种享乐的方式。人在进行性活动时，有没有后两种因素，对性行为的质量有着重大的影响。有时候，甚至会因为心理上的反感而无法产生需要的生理反应，而使得性活动无法进行。

其实，关于性的生理和文化的进一步探讨，将触及爱情与婚姻的关系问题。中国社会学家李银河有一句名言：“婚姻制度和人性有一种紧张关系。”她因此预言“婚姻制度终将灭亡”。

从人性的角度来说，无论是以繁衍或享乐为目的的性生活，都希望性生活的对象是优秀的。简单理解这个优秀，可以认为男人都希望和漂亮的女人上床，而女人则希望和帅气的男人上床。然而，糟糕的是，人对于优秀的认识，包括对于漂亮和帅气的认识并不是唯一的，更不是固定不变的，因此，人对于性生活对象的选择其实是多元的。也就是说，人是倾向于和更多的、不同的异性上床，以获得不同的爱情体验，也使自己的生活（不单是性生活）更加丰富多彩。但是，婚姻则强调性对象的唯一性。所以，婚姻制度本质上是反人性的，是文化对人性的一种奴役。

幸而，文化不是一成不变的。婚姻制度在几千年间也有多种形式的改变。也许有一天，人们会找到一种既能维持血统清晰，也能满足人性需求的两性结合的方式。

仇恨是一种没有价值的情绪

仇恨和宽恕是一对敌对情绪

仇恨，即仇视、怨恨，是一种非常强烈的敌对情绪，也能引发非常严重的行为后果。虽然一些拟制化的国家、村庄及其他组织之间也可能产生仇恨，但仇恨本质上还是发生在人与人之间的。宽恕，即宽大、仁恕，是对于他人过错的一种包容和谅解。宽恕的出现首先是当事一方的大度，或者出于某种目的而希望大事化小，小事化了。

仇恨和宽恕是两种对立的处事方式，伴随人类社会发展的整个历史，也是文学作品累累再现的主题。尤其是仇恨，往往能够产生巨大的毁灭性力量，把对方，往往可能包括自身，一起毁掉。如金庸《笑傲江湖》里面的林平之。

当然，宽恕也有力量。如雨果《悲惨世界》中的冉阿让，就是在米里哀主教宽恕力量的感召下放弃了仇恨。

但总体说来，无论是真实的事例还是文学作品中的描述，仇恨往往比宽恕更执着、更持久、更坚韧，因而能够产生更大的力量。究其原因，在于仇恨源自人的本能，而宽恕则产生于人类的文明。

人类继承了动物祖先的丛林法则，并将其发展到登峰造极的程度。丛林法则讲究的是弱肉强食，宽恕不会让对方为你的谦让感动，只能被对方视为软弱，而软弱者只能成为被吃掉的对象。所以，人本能上、习惯上不会自动产生宽恕的行为，而是力求把自己装扮得强大（即使是一种外强中干的强大），以求争抢与掠夺更多、更好的美食。

人类的早期也更多地强调针锋相对。如孔子的“以直报怨”。《圣经·旧约·申命记》记载，摩西受上帝之命，成为在埃及做奴隶的以色列人的领袖。他发布的法令就是：“要以命偿命，以眼还眼，以牙还牙，以手还手，以脚还脚。”

正是由于看到了丛林法则对于人类社会整体的危害，人类才逐渐发展出一些保护弱者、赞许宽恕的文明规则。但这一规则的产生不过数百年时间，还没有发展壮大到足以完全抗衡丛林法则的程度。

人与人之间的关系（血缘关系除外），根本上依然是利益关系，是以利益为基础构成的关系。在利益明确的前提下，这种关系才是稳定的，更重要的是，这种关系是可预期的。其他如基于感情、道德等而结成的关系，总有那么一点不可捉摸，让人心里不那么踏实。

如果你选择用仁爱之心和宽恕之道来对待怨怼，前提是让对方相信你的宽恕是真诚的，从而愿意放下怨怼，与你正常相处。但一般说来，这是有难度的。如果你选择宽恕而得不到对方的信任，他在磨刀霍霍，你却是刀枪入库，后果可能很惨重。

相反，如果你选择以仇恨对待，那么处理起来就非常简单：彼此心里都很清楚，对方就是自己的敌人或潜在的敌人，各自准备好，找个机会决一胜负，解决问题而已。

仇恨能够给仇恨者带来三方面的快乐：其一，可以忘记加害结果带来的直接危害，如杀父之仇中对于父亲的思念；其二，复仇的幻想所带来的快感；其三，强烈的复仇心所激发出的能量。

仇恨的产生仅仅是一个开始，仇恨往往并不止于情绪，一般都要付诸，至少是试图付诸行动，这就是复仇。复仇是伴随仇恨而出现的一种行为。复仇者自认为站在道德的制高点上，行为具有天然的合理性和正当性。复仇者复仇时血脉偾张、情绪亢奋，看着自己仇恨的对象在自己的折磨下陷入同样或更为痛苦的境地，内心会产生强烈的快感，仇恨也因此得到直接的释放。

仇恨的产生和特点

仇恨产生的原因非常复杂，既有物质方面的，也有精神方面的。房产被霸占，是因物质被侵害而产生仇恨；杀父之仇，是因亲情受到侵害而产生仇恨；夺妻之恨，既有感情方面的伤害，也有人的尊严方面的伤害。思想或权利被剥夺也可能产生仇恨。

美国社会心理学家亚伯拉罕·马斯洛把人的需求分为五种基本类型，即生理上的需求、安全上的需求、感情上的需求、尊重的需求和自我实现的需求。当人的任何一类需求被他人剥夺或侵害时，仇恨的种子就播下了。

具体剥夺或侵害事实的发生，是否一定会导致仇恨，由主观、客观两个方面的原因决定。客观方面是指事实的现实基础，如情节、后果、环境等因素。主观方面则是被剥夺或侵害者的主观感受，主要是被剥夺或侵害的对象在被侵害者眼中的价值，当然，被侵害者当时的状况、心境等对他的反应也有影响。

侵害或剥夺只是仇恨产生的必要条件，而非充分条件。正常情况下，当一个人受到侵害或剥夺时，他的第一个选择肯定不是积蓄仇恨，而是寻求救济以挽回损失。只有当救济无效或无力救济，丧失挽回损失的希望时，他才可能在无奈的情况下选择仇恨。所以，公平、公正、及时的司法救济，是预防仇恨产生的有效手段。

一般来说，仇恨具有如下特点：

第一，恒久性。仇恨很难随着时间的流逝而消失，除非当事人死亡。

仇恨既然是一种无奈之下的选择，那么仇恨者心中一定充满憋屈。这种憋屈窝在心里，使他倍感痛苦。而且，这种隐藏在心里的痛苦就像一些风湿性关节炎，一旦遇到某种适宜的气候，就会发作。所以，仇恨者会不断重复体验这种仇恨，每体验一次，既使痛苦感增强，也会使复仇的决心增强而产生快感。所以，有的人很乐意体验这种幻想复仇的快感。

产生仇恨的侵害或剥夺往往会导致多重伤害。如杀父之仇，至少对仇恨者有如下伤害：对亲情的伤害，使自己对父亲的爱无所依归；对自己的伤害，父亲的离世对自己的生活有所改变；对自己所关心的其他人的伤害，首先是母亲，还有兄弟姐妹等；对自己社会评价的伤害：自己的父亲被别人杀了，在世人眼中是一件耻辱的事情，会导致自己社会评价的显著降低。

由于存在这样的多重伤害，其中任何一点的诱导，比如，走进单位时遇到他人的窃窃私语，都有可能使他认为是在对自己的点评，从而唤起对杀父之仇的记忆，也增强其内心的仇恨。

第二，自我伤害性。仇恨的最大伤害者并不是被仇恨者，而是仇恨者自己。被仇恨者因此受到的伤害顶多就是不爽：想到有一个人仇恨你，心里总是有点别扭的。如果两者的实力太过于悬殊，这种不爽就更加有限。

然而，仇恨对于仇恨者的伤害则是全方位的、程度强烈的。仇恨的过程，本身就是一个将过去的伤害在脑海中不断发酵膨胀、不断反复和加深的过程。一个生活在仇恨中的人，不可能有正常快乐的生活。仇恨会毁掉他的心智、吞噬他的心灵，极大地伤害他的理性判断力。仇恨者的眼中看不见世间一切美好的东西，他一生都生活在痛苦之中。

第三，对象性。仇恨者必须有一个客体作为仇恨指向的对象。

一般说来，剥夺或侵害行为的实施者就是仇恨的对象。但有时候，实施人并不是很明确，如某种机会的剥夺，被剥夺者由于需要为自己的不满寻找一个发泄的对象，他依然会找出一个仇恨的对象，比如天、地、命运等。

通常是，只有明确对象的仇恨才可能被积蓄和放大，并产生复仇的欲望。对于无明确对象的仇恨，多是一时的气恼发泄，稍过时日就会烟消云散。

第四，极度危险性。仇恨的危险性在于它绝不仅仅停留在情绪表达上。对仇恨者而言，付诸行动，即复仇可能成为他一生的终极目标，他会为此精心策划、准备。一旦机会降临，他的行为所造成的后果可能是非常惨烈的。因为只有被仇恨者的惨烈结局才能使他积蓄多年的仇恨得到宣泄，从而获得复仇的快感。

更糟糕的还在于，仇恨是可以扩张的。多年的仇恨郁结，已使仇恨者的理性、良知受到极大伤害，他会不自觉地把仇恨予以扩张。他仇恨张三，连带着会仇恨张三的亲属、与张三相好的人，或者长相与张三相似的人。严重的仇恨者对于具体的复仇行动不加约束，对于他的复仇行动很有可能伤害到的第三者已经没有了悲悯之心，所以，让毫不相干的人成为陪葬品，虽非仇恨者所预期，但他也不会在乎。

仇恨的制造和渲染

仇恨多产生在个人之间，但是，作为人的集合体的一些组织之间也可能产生仇恨。从历史资料中时不时可以看到，相邻的两个村庄之间因为争水源而引起仇恨的事例。国家、民族、宗教派别等之间也由于种种原因而在彼此间产生仇恨。

这类仇恨有一个很有意思的现象，是个人之间的仇恨所没有的。仇恨一定是有理由的。个人之间由于误解也可能会产生仇恨。一个人可能因为某种目的而诬陷他人，但不可能因为这种诬陷而使自己对对方产生仇恨。群体之间的仇恨则不然。某些政治人物为了政治目的，往往人为地制造一些理由，或者人为地、恣意地夸大理由，煽动组织的成员对另一个组织或人群产生仇恨。

这方面的例子不是个别。德国政治家保罗·约瑟夫·戈培尔说过，如果需要产生效果，仇恨需要重复，而不是真相。如努尔哈赤用“七大恨”煽动起建州女真对大明王朝的仇恨等。这种现象说明，仇恨只要有一个能说服自己的理由即可，至于这个理由是否为对方知晓或认同，甚至这个理由是否真正存在，仇恨者是不考虑的。

仇恨的化解

苏联著名作家叶夫图申科在《提前撰写的自传》一书中讲过一个故事：

1944 年冬，饱受战争创伤的苏联首都莫斯科，两万名德国战俘被押送着从大街上走过。马路两边挤满了围观的苏联女人，她们的父亲，或是儿子，或是兄弟，都在这场德国人发起的战争中丧了命，所以，许多人的手都攥成了愤怒的拳头。俘虏们都低垂着头，心怀恐惧地缓缓走着。

突然，一位衣着破旧的老年妇女走到一个警察面前，提出想走近一点仔细看看这些俘虏。警察同意了。

妇女来到一个拄着双拐艰难挪动的年轻俘虏身边，颤巍巍地从怀里掏出一个印花布包，把里面的一块黝黑的面包硬塞给这个俘虏。俘虏怔怔地看着面前的这位老人。突然间，他扔掉了双拐，“扑通”一声跪倒在地上，给老人重重地磕了几个响头，脸上已满是泪水。其他战俘看到这一幕，也接二连三地跪了下来，拼命地向围观的群众磕头。

于是，整个人群的气氛一下子改变了。围观的群众都被眼前的一幕所深深感动，纷纷从四面八方涌向俘虏，把面包、香烟等东西塞给了这些曾经是敌人的战俘。

叶夫图申科说：“这位善良的妇女，刹那之间便用宽容化解了众人心中的仇恨，并把爱与和平播种进了所有人的心田。”

这个故事的确很感人，爱也确实是化解仇恨的有效办法。一些心理分析师就是通过与仇恨者建立爱的关系（不是爱情关系，而是人与人之间的爱戴、亲密、信赖关系），让仇恨者向心理分析师倾述仇恨带来的痛苦，以慢慢化解仇恨者心中积郁的仇恨。

笔者认为，故事本身不适宜作为化解仇恨的例子。苏德之间的仇恨是国家之间的仇恨，尽管也伴随着战争参与者及其亲属之间个人的仇恨，由于苏联在德国战争的胜利，国家间的仇恨问题已经解决，个人之间的仇恨也会慢慢消失。而且，这种个人之间的仇恨由于缺乏明确的指向（比如，你很清楚就是张三这个人杀死了你的丈夫），本身也缺乏持续仇恨的基础。

仇恨的化解，应该是仇恨产生之后、复仇行为实行之前，采用某种方式把仇恨消灭，以使其不再实施复仇行动，也不再准备复仇行动。

笔者根本上是反对仇恨的。因为仅仅是仇恨，不能解决任何问题，你恨不得食其肉、寝其皮，其结果也只是存在于你的幻想之中，对他没有任何伤害。恨也不能让对方产生愧疚、悔悟，即使你因仇恨而积郁成疾，对方也不会因此而幡然悔悟，彻底反省。相反，他更有可能认为是你自找的，说不定还幸灾乐祸。仇恨只能使你自己痛苦，影响你的正常生活。所以，仇恨不应成为处理相关事务时可考虑的选项。

笔者更反对个人之间的血腥复仇。今天是法治社会，血腥复仇行为必然使你付出惨重的代价。即使由于某种特殊的原因使你逃脱了法律的制裁，复仇也未必能够使你回归自己。一个为仇恨而生活的人，复仇之后将无所适从。要想开始新的生活，还需要经历一个更艰难的调整过程。

笔者理解，你有仇恨，是因为你的财产、人格受到足以让你产生仇恨的伤害。但是，今天毕竟是个法治社会，通过法律手段为自己讨个公道才是正确的选项。笔者也清楚，有些伤害可能是无法通过法律途径解决的，此时就真的需要你的度量和

你要想办法站在对方的角度，为他伤害你的行为寻找合理的、正当的理由

忍耐。想开一些，比钻进仇恨的泥坑要好得多。

仇恨的化解一般可按三个步骤进行。

第一，找到仇恨的根源：这个仇恨到底是怎么产生的？第二，寻找有效的方式清除这个根源，如对杀人者予以法律的制裁。第三，当第二个步骤无效或不可操作时，以其他念头替代原有的仇恨，如失恋后寻找一个新的恋爱对象，将会使你放弃对原来对象的仇恨。

当你遭遇可能产生仇恨的事情时，如果能够放下仇恨，以宽恕对待，当然最好。如果确实是苦大仇深不得不报，只要你有能力，尽管去报复好了（要在法律允许的范围内，以合法的方式）。如果你暂时还没有这个能力，那么，知道有这件事情就行了，用不着时刻提醒自己而咬牙切齿、耿耿于怀。你需要做的是积蓄力量、等待机会。

特别要提醒一点，复仇，是让你仇恨的对象毁灭，而不是让你和你的仇恨对象同归于尽。所以，无论采取任何报复手段，都必须在法律框架内进行，否则，你的报复同样是失败的。

正如仇恨的产生需要一个理由一样,化解仇恨也需要理由。你要想办法站在对方的角度，为他伤害你的行为寻找合理的、正当的理由。这些理由是否存在不重要，重要的是，它能够说服你放弃仇恨，这就够了。

理想的仇恨化解是仇恨者和被仇恨者双方都认可的事情。如果被仇恨者确实认为自己做了值得被他人仇恨的事情，就应该真心悔过，并采取切实有效的措施弥补对方的损失，以求得对方的谅解。如德国总理维利·勃兰特在华沙犹太隔离区起义纪念碑前下跪一事。仇恨者也不要得理不饶人，眼光放远一点，接受对方的悔过，以消灭仇恨。

这并不意味着一定要被仇恨者先行悔过，仇恨者才可以考虑原谅的事情。如果仇恨者确有原谅对方的意思，也可以先作出某种姿态，促成对方的回应，以互动寻求仇恨的化解。

如果被仇恨者固执己见，死不认错，甚至还以某种胜利者的优越感而洋洋自得，仇恨者还要选择单方面的原谅，那只能说，要么仇恨并不深，要么仇恨者实在是大善（既然是大善，为什么当初不选择宽恕呢）。

有些仇恨则需要仇恨者单方面自行化解。典型的就是恋爱竞争中失败者对于胜利者的仇恨。因为，这原本就是不应该产生的仇恨。

宽恕他人，其实是在宽恕自己

前面的介绍至少说明了两点：第一，仇恨不是一个好东西；

第二，要化解仇恨不是一件容易的事。所以，生活中更好的选项应该是杜绝仇恨的产生。对此，应该怎么做呢？

笔者认为，药方就是宽恕。宽恕不是化解仇恨的办法，宽恕是在仇恨产生之前避免仇恨产生的办法。

这个药方虽然有效，但根据这个药方熬制的药却很难吃。这样说吧，仇恨是非常简单和容易的：只要你选择了仇恨，就是搭上了一辆高速行驶却刹车失灵的汽车，一切都似乎如你所愿地快速推进，但最终结果往往是既毁了他人，也毁掉了自己。相反，宽恕常常是一件非常艰难的事情：首先，你并不知道宽恕是不是一种正确或有效的选项；其次，你一旦选择了宽恕，犹如逆水行舟，需要不断地付出。然而，宽恕能让你如释重负，在以后的生活中轻装上阵。

正是因为宽恕如此重要却又如此艰难，所以才有人（也包括笔者）不断地强调和渲染。

苏东坡曾有这样的经历。苏东坡因乌台诗案而身陷囹圄。看管他的狱卒有点变态，以折磨、羞辱往日威风凛凛的大人物获得快感。苏东坡也难逃厄运。

不料，苏东坡“咸鱼翻身”，不仅出狱，还升了官。狱卒顿感惶惶不可终日，认为苏东坡会找他报仇。

一天，狱卒在回家的路上正好遇到苏东坡，觉得报应来了。

他匍匐在地上，等候苏东坡的发落。

苏东坡走到他的面前，给他讲了一个故事。一条毒蛇咬死了人，被抓到阎王殿跟前。毒蛇呼叫："我肚子里有蛇胆，能救人命，将功抵过，可以赎罪。"经判官查验属实，阎王便释放了毒蛇。又有一头顶死了人的黄牛被小鬼拉来，黄牛又说："我体内有牛黄，能治病救人，可以此自赎。"判官验证属实，把牛放了。随后，押上来一个杀人犯。杀人犯得知阎王殿有这规矩，便大叫："我肚里也有黄！"阎王大怒："蛇胆、牛黄皆入药，天下所共知；汝为一人，何黄之有？"那人情急之下，大呼："我别的黄没有，不是还有惭惶吗？"

狱卒听后，羞惭得满脸通红。但他清楚，苏东坡宽恕了他。

这个故事表明，宽恕的引发及生效具备三个条件：其一，被仇恨者明白自己做了值得他人仇恨的事情；其二，仇恨者发出宽恕的信号；其三，被仇恨者自我感觉羞愧和悔恨。

就笔者所见，宽恕，相对于对仇恨对象的大度饶恕，更有可能是一种自我救赎。仇恨对仇恨者带来的伤害，使得仇恨行为的本身已无异于自戕。

宽恕，根本目的是对于自己的宽恕。要爱惜自己，不能用他人的错误来惩罚自己，使自己沉迷于仇恨之中，而不能过上正常人的生活。

其实,我们每一个人都可能受到过这样或那样的伤害。同样,我们每一个人也可能伤害过其他人。因而，我们每一个人都可能需要宽恕。如果仇恨让你痛不欲生，你就把它当成人生道路上的一场艰难考验好了。你可以如此处理这种痛苦：我应当战胜自己！我能不能战胜自己？我一定要战胜自己！如此，就可能把仇恨驱赶离开。

仇恨产生的一个心理根源在于仇恨者的心理不平衡导致的不甘心。比如，你喜欢的女孩子被他人抢走了，你对这个女孩子和那个男人都可能产生仇恨。且不说选择谁做恋爱对象是女孩子的权利，你不应该因此生恨。就算你要恨，也要想一想，这次失败只是表明了你还有所不足。进一步充实和强大自己吧！有意思的是，真的到了你强大起来的那一天，回头看看当初的那点仇恨，你自己都觉得可笑至极。

如何对待仇恨或可能的仇恨，与一个人的心胸和视野都有很大关系。你心胸越宽广、站得越高、看得越远，那么，能够引起你仇恨的事项就越少。记住，人生的路还很长，你需要做的事情还很多，完全没有必要把自己的一生捆绑在一个仇恨上。

笔者反对用仇恨的方式处理问题，但同样也反对对任何恶行都予以宽恕。中国人有一句话叫做“以德报怨”。这个要求实在太高，而且，这种做法也未必普遍适用。比如，对于一些非常残忍的行为，正确的做法就是：一定要给予相应的惩罚。恰如普京所言："会不会原谅恐怖分子是上帝的事情。我们应该做的，就是送他们去见上帝！"

愤怒之下的行为多半是错误的

什么是愤怒

愤怒是一种针对他人行为的紧张且不满意的情绪。与喜怒哀乐一样，是人具有的最基本的情绪反应之一。

人与人之间的相处，总会发生一些愉快或不愉快的事情。如果其中的不愉快事情还让你亢奋、暴躁，那你自然的反应就是愤怒。这些不愉快事项多与你自己有关，比如你的行为受到阻碍、你的利益受到侵害等，都可能让你产生愤怒。观念上的差异也可能引发愤怒。当你认为张三的某个行为是正当的，而有人则认为是不义的，你就可能因此愤怒而与之争吵。你个人的身体状况也与愤怒有关，其中有的是产生愤怒的直接原因，如过大生活压力导致的情绪失控。有的则是愤怒的"帮凶"：它并不直接引发愤怒，却使得你对于刺激更敏感而容易发怒，如疲劳、生病等。

愤怒的心理根源是恐惧而产生的主动出击，是对于他人可能或已经对你造成的伤害的害怕，因此采用一种愤怒的方式向对方示威，以试图阻止对方的进一步行为。愤怒反应的积极意义在于它能增强人的战斗力，容易让人产生攻击性行为，以清除对手或对手的伤害行为，进一步或更彻底地保护自己的利益。然而，愤怒多少带有一点外强中干的意味。

从根源上说，愤怒是一种基于求生、掠食等争夺行为而引发的原始情绪。愤怒者多认为对方的某一行为伤害了自己的利益，从而引发愤怒这种本能的保护性反应，与见到危险就奔跑的逃避行为属于同一性质。

愤怒是一种具有破坏性的情绪，会使人际关系疏远，导致情感上、身体上和经济上都有损失。愤怒的背后是恐惧，害怕无法控制局面，或者情势威胁到脆弱的自我。

如果一个人很在意他在别人眼中的形象，那么，他就可能更容易愤怒，因为，不但有更多的因素可能使他愤怒，而且，他也会对这些因素更敏感。相反，如果一个人比较有主见，自我控制能力较强，他愤怒的可能性就较少。

尽管如此，笔者认为，消除愤怒是不现实的，而且也未必都是有益的。因为愤怒是人类固有的本能，是觉察到威胁或者侵犯后的反应，在必要的时候，怒火会令我们变得更强大，以利于解决问题和危机。

愤怒的诱发因素是多方面的。生理上的侵犯、心理上的侵犯，都有可能引发愤怒。一些观念上的冲突也可能引发愤怒。一般说来，在两种场合最容易产生愤怒。

其一，领域的侵占。每个人都有自己的边界，这个边界可能是实体的，如你家的小院；也可能是心理的，比如你打算追求的那个女孩。如果他人无端地碰触你的边界，或者进入你的私人领域，你可能立刻就会发怒。

其二，身份的混同。一个人的身份是一种现实的存在，也是一种历史的积累，还是你未来的基石。保护自己的身份，就是对自己整体利益的完整保护。如果某人侵犯你的身份，或者对你的身份表示质疑，甚至攻击一个和你具有相同身份又不指名道姓的他人，你也可能会愤怒。

愤怒的根源并不一定与你直接有关。比如，当你看见一帮成年男子结伙在殴打一个衣衫褴褛的小孩时，你的反应很可能就是“义愤填膺”，甚至伸出仗义的援手。

有时候愤怒的根源不在于他人而在于你自身。比如，你做事累累受挫，使你感到很沮丧，对自己感到不满和失望，由此导致自信心严重不足，将对自己的愤恨积郁于胸。此时，你往往会无端地或因微不足道的小事而大发雷霆。汉语有一个专门的词汇用来表述这种状况——迁怒。

研究表明，作为一种情绪反应，愤怒在人的成长阶段出现得较晚。大约在三个月大的婴儿身上，才可以见到类似于愤怒的一些表现。比如，当你喂给他的牛奶有点烫时，他除了“哇哇哇哇”地哭闹，可能会伴随一些手脚乱舞的动作。这就是在表达他的愤怒。

其后，随着人的情绪日益丰富，以及引发情绪的因素日益多样化，人的愤怒发生的可能性也越来越大。我们实际上并没有感觉“人越大，愤怒越大/越多”，那只是因为，人的成长也同时伴随着情绪控制的成长。

仔细区分，愤怒的产生其实分为两个阶段：愤怒的情绪显现和愤怒的行为表达。人一定是先有了愤怒的情绪显现，才在其后实施表达其愤怒的行为。

当人遇到外界刺激的时候，生理和心理上就会产生一系列复杂的反应。生埋反应方面如心跳加速、呼吸变快，脸色发红、身体出汗等，也有的会产生一些习惯性的动作，如咬紧牙关、握紧拳头、坐立不安等。这些都说明你已经处于愤怒的临界状态。至于心理上，你可能会有一些委屈、不满等受伤的反应。

引发愤怒的原因和愤怒的表现形态都非常多。这一点在汉语成语中有大量的体现。前者如恼羞成怒、迁怒于人、人怨天怒、室怒市色；后者如直眉怒目、怒气填胸、疾言怒色、怒不可遏等。

愤怒有时是瞬间形成的，但有时从你接受到外界的刺激到你的愤怒发作，往往有一个累积的过程。比如你今天出门前和老婆吵架了，心中就窝着一肚子火；走在路上，一个小伙子骑车太快又碰撞了你一下，你更加觉得倒霉；走到超市门口，你又发现有两个女孩在笑话你的衣服扣子扣错了。这些，你居然都忍受了。然而，当你在超市买了一盒方便面，递给营业员100元时，她拿着这张纸币左看右看，查验是否为假币。你可能认为受到了侮辱，顿时觉得忍无可忍，将一天来的愤怒完全撒泼在了这个相对来说过错最小的营业员身上。

在后一种情况下，到底是谁成为你的发泄对象，具有极大的偶然性。

愤怒的危害

愤怒是一种具有破坏性的情绪，它对你自身，以及对你的人际关系都可能造成伤害，严重的，有可能导致无法挽回的后果。

愤怒的两个阶段都会产生危害。在情绪显现阶段，愤怒的受害者往往是你自己。

处于愤怒状态的人会严重丧失理智和判断力。此时，即使你正在从事与引发愤怒不相干的事情，也可能因为“不在状态”而没有进行权衡评估，没有精心操作，结果导致事与愿违。

愤怒会影响你的心理健康。一个处于愤怒状态的人，很可能成为一个“与整个世界作对”的人。他认为这个世界上所有的人都和他过不去。长此以往，他将因此消耗大量的能量，觉得身心疲累，严重的，可能导致抑郁症。

医学研究表明，愤怒容易引发冠心病。经常性发怒的人更容易得厌食症和肥胖症。

在愤怒的表达阶段，直接的受害者多是他人。但是，由于愤怒行为所产生的任何结果都必须由愤怒者买单，所以愤怒的最大受害者一定是愤怒者本人。

人在愤怒时的表达有两个突出的特点。其一，丧失理智。一个人处于愤怒的情绪状态，其理性思维能力显著降低，判断是非利害的能力也降到低点。其二，冲动。在愤怒情绪激发下的人，往往会做出一些冲动行为。这些冲动的行为可能是针对引发他愤怒的人或事的，但也可能不是针对其人其事的，而只是一种单纯的发泄。

愤怒很容易导致对于引发愤怒人的报复行为，严重的甚至可能使愤怒者产生一种毁灭性的冲动。

你的愤怒还可能被他人利用而使自己的利益受损。在人际交往过程中，有些颇有心计的人甚至有意采取某种方式引发对方的愤怒，让对方做出不理智的行为，以便自己从中获利。

如何管理自己的愤怒

因为愤怒有这样严重的危害，所以，你必须对你的愤怒情绪予以管理。注意，这里使用的词是“管理”而不是“控制”。如果你的愤怒情绪得不到宣泄，它同样会对你的身体造成伤害。所以，笔者不赞成压抑自己的愤怒。笔者所主张的是，通过愤怒来了解自己情绪的变化，分析自己所面临的现实问题，调整或改变自己的既定目标或行动方略。

愤怒是人的正常的情绪反应。从这个意义上说，愤怒其实无所谓好坏。如果你能够把愤怒的情绪当成一种信号识别器，它甚至还可能是一个好东西。

信号识别器是指，当你愤怒时，意味着你受到了伤害；或者是你遭遇了不公平的对待，或者是你受到了严重的侵害，或者是某种重大误解让你受委屈等。一旦接收到这个信号，如果能够立即冷静地分析这种伤害的缘由、性质、分量，然后找出消除伤害、寻求救济的措施，那么，你就只会有所得而不会有所失。

然而，如果一感受到愤怒，就立刻爆发，采取非理性的方式处理，其实你是误读了愤怒的信息，从而将会为你愤怒之下的冲动行为付出代价。如此，愤怒就成了一个坏东西。

所以，管理愤怒首先就在于正确认识愤怒，不要把愤怒当成一个出气筒，将所有的不愉快都采用发怒的方式来排解，而是应该在知道自己愤怒后，以一种理性的态度来处理。

笔者上大学时，曾和一位数学系的朋友做过一个游戏，其实也是一个实验。实验题目是他给出的：无论我怎么辱骂他，他都不会生气。我用各种恶毒的话语辱骂他，都没能让他生气。这使我很着急。强烈的好胜心使我想出一个非常邪恶的语句来骂他，他依然不生气。相反，骂着骂着，我突然意识到：自己心中怎么有那么多邪恶的念头？我顿时觉得羞愧极了，再也骂不出口了，缴械投降。

这个实验说明，当一个人在实施伤害他人的行为时，行为本身对行为者自己也有伤害。记住这一点，将会使你对他人对你的伤害更有可能容忍。

前面已经讲了，愤怒是由某种外界刺激引发的。如果说这个判断是一个必然的判断，那就意味着，一旦出现那种刺激，你就肯定会愤怒。我们清楚，实际不是这样的。同样的刺激，有时候会让你愤怒，有时候你则完全不把它当回事。有时候你会对一些微不足道的小刺激发怒，有时候你却能够对一些比较严重的刺激一笑置之。这就说明，在刺激和你的愤怒之间，一定还存在一个东西，它能决定你究竟会不会愤怒。这个东西，就是你当时的心境。

管理愤怒，就是管理你的心境。

从基本原则上说，你应当不断地修炼以提升自己的品格，养成宽广的胸怀，使自己的心境充满温暖。如此，你的愤怒阈值就会提高，从而更不容易引起愤怒。比如，你不要太过于偏激，把“坏人”与“坏事”等同起来。一旦某个人做了“坏事”，你就认定他是一个“坏人”，因而无法容忍。事实上你应该清楚，你自己也会时不时地做一些不好的事，但你肯定不愿意把自己界定为“坏人”。所以，当他人的某项行为伤害到你时，如果你能认为，他只是一时做出了不妥当的事，他这个人其实还是不错的。那么，你就不会对他产生那么强烈的愤怒。

快乐目的论是一种“为我”的生活观，但这个“为我”一定要是一种大格局下的“为我”。笔者比较反感时下流行的所谓“成功学”。一味追求个人的成功，为达目的不择手段，最终结果往往事与愿违，也会导致对你的个人情绪和身体的伤害。然而，如果你把你的目标和手段都放在人的自由、社会的公平正义的框架之下，你对行为过程所遇到的挫折或行为结果是否如愿，都能够抱有比较豁达的态度。简单地说，你会认为：这是公平的结果，我接受！这样，你就不会因此而愤怒。

从技术手段上说，你要善于对外部刺激进行理性分析，剔

管理愤怒首先就在于正确认识愤怒，不要将所有的不愉快都采用发怒的方式来排解

除那些事项中的表象。你要厘清，你是真的遇到了可愤怒之事，还是试图来掩盖自己的窘困状态。比如你闯红灯被人批评，你觉得下不了台，于是愤怒。这种愤怒完全没有道理。无论人家批评你的方式有何不妥，总之是你有错在先。自己接受批评，以后改正就是了。

对于他人给你造成的伤害，你也要看看对方是否真的是出于伤害你的目的而做出这种行为。比如，有人踩了你一脚，多半情况下，他都不是故意的，所以即使你很疼，也没必要因此愤怒。当然，如果有人处心积虑地在网上发帖侮辱你或你的亲人，你就没有必要客气，应该拿起法律的武器和他较真。

也就是说，笔者认为，你可以愤怒，甚至应当愤怒。一个完全没有脾气的人，在这个世界上根本不存在。假设真有这样一个人，他也是活得不堪重负。但是，特别需要注意的是，愤怒的表达只能针对使你愤怒的人，而不能针对无关的他人，特别是你亲近的人。此外，对愤怒的表达即使不能做到完全理性，也要尽可能地避免冲动。这里，愤怒的生理反应将起到预警装置的作用。当一些生理现象出现的时候，就是在提醒你：你要发怒了！此时，你就应该管理自己的愤怒。

如果你已经愤怒，那么，你就要采用一种方式有效地、缓慢地释放这种情绪，而不是立即做出冲动的反应。

比如，尽可能地让自己放松。当你出现呼吸急促、拳头紧握等愤怒的预兆时，如果能够离开现场，最好马上离开；如果无法离开现场，可以调整一下呼吸，放松肌肉，心里想一想其他轻松的事，比如有趣的段子。这样可以让自己的情绪得到分散和缓解。

如果你的心态和智慧都是很突出的，那么，以幽默来对待他人给你的伤害，将能够使你的愤怒得到有效的化解。

假设你开车驶进一个小胡同里，对面正好也过来一辆车。你俩僵持在那里，互不相让。对方为了表明态度，甚至拿出一本厚厚的小说看起来，嘴里还哼着小曲，一派得意洋洋的样子。此时，你按理应该会很愤怒，但这时的愤怒却不能解决过路的问题。如果你能够上前向对方问候一句："兄弟，看什么好书呢？看完后借给我看看啊。"你的幽默或许就能起到化干戈为玉帛的效果。

一个最简单和最有效的办法是：你先检测一下自己对这个愤怒的忍受程度。当你觉得自己即将发怒的时候，在发怒之前，请先慢慢地、有节奏地数数字，从一数到十；如果你觉得已经到了怒发冲冠的程度，那就数到一百。

当这些数字都数完了的时候，你依然觉得自己很愤怒，那么，你的愤怒确实已经到了相当严重的程度，此时，你就发怒吧！

更重要的是，当你在数这些数字的时候，你脑子里一定也在琢磨这件事，在权衡着此事的利害得失。数数字的过程，也是给你一个理性思考的时间，以降低冲动带来的危害。

如果数完数字后，你不再愤怒了，或者想到一种非愤怒的、更好的解决方式，那么，恭喜你！你的愤怒管理卓有成效！

其他如深呼吸、慢跑、做俯卧撑等，也是管理愤怒时可考虑的选项，其运用方法和数数字基本一样。

其实，愤怒也并非一无是处。有的愤怒，如维护合法权益的愤怒，无论对于当事人还是对于社会秩序，都是有益的。当一个女生遭受强奸侵害时，愤怒会激发她的斗志，强烈要求相关部门将施暴者绳之以法。这种愤怒就是一种“合理合法”的愤怒，整个社会都应该支持她。

愤怒管理也包括利用愤怒的成分。在某种情况之下，你也可以愤怒之策来获取自己的利益，这就是所谓的技术性愤怒。比如，在谈判时，如果对方提出或纠缠于一个你完全不能接受的过分要求，你就可以采用发怒的方式予以回应。你可以不合时宜地说一句粗口，或者摔一个茶杯。你的目的只是告诉他：“我愤怒了！你不要再提了，否则后果很严重。”这只是一种“最后通牒”式的警告。事实上，你内心依然保持冷静清醒的最佳谈判状态，技术上的愤怒不过是演演戏、做做样子而已。

利用愤怒的一个经典例子就是《三国演义》中的刘备摔阿斗。在长坂坡之战中，由于曹军来势凶猛，刘备虽冲出包围，家小却陷入曹军围困之中。赵云拼死刺杀，七进七出终于寻得刘备之子阿斗。当赵云追上刘备，交还阿斗时，刘备接过孩子却把他摔在地上，愠而骂之："为汝这孺子，几损我一员大将！"赵云急忙抱起阿斗，连连泣拜："云虽肝脑涂地，不能报也。"

刘备这一怒，彻彻底底地收服了赵云。

需要说明的一点是，有的观点认为，愤怒是一种软弱的表现，强大者对于弱小者的行为是不存在愤怒的。这一观点是不正确的。确实，一个人如果内心足够强大、心胸足够宽阔，不太容易产生愤怒，对于一些可能引发愤怒的行为，会以类似于"小孩子不懂事"的宽宏大量想法而一笑置之。但是，这不等于说强大者就不会愤怒。恰恰相反，正因为强大者不容易愤怒，那么，一旦他真正愤怒了，就意味着这个行为一定让他非常难以容忍，所以他做出的行为表现一定更加激烈，后果也一定更加严重。

这方面的一个典型例子是美国对于制造"9·11"事件的拉登及其追随者的反应。这毫无疑义属于一种因愤怒而引发的剧烈的报复性反应。当然，这种报复属于正义对邪恶的惩罚。

让嫉妒成为唤醒你努力的警报

嫉妒的产生

嫉妒是较弱者遭遇较强者时，较弱的一方产生不满的心理状态。这种状态有程度的差别，较轻的表现为一种“酸溜溜”的情绪，而严重的则是仇恨。

引发嫉妒的第一个条件是人的相似性，即你嫉妒的对象一定和你比较相似，至少在引发嫉妒的事项上，你们之间存在着可比性。如果没有这种可比性，你们之间就不会存在嫉妒问题。比如，周瑜会嫉妒诸葛亮，但不会嫉妒刘备和孙权。

正是因为在这种比较中处于下风，你才会产生嫉妒。

第二个条件是事项的相关性，即引发嫉妒的事项一定是你感兴趣，且想获得的，否则你不会产生嫉妒。比如，某个男子娶了世人皆赞美的漂亮女明星为妻，你不会嫉妒，顶多有那么一瞬间的羡慕。

正是你想得到而没能得到，却被他人拿走了，你才会嫉妒他。

嫉妒产生的直接原因是利益之争。当一个人比你强的时候，他就更有可能取得你们都希望取得的那份利益，从而使你丧失那份利益。于是，不满就产生在你的心中。如你和他同时竞争一个职位，或者你和他同时追求一个女孩子等，都属于这样的情况。有些事情表面看起来并无直接的利益关系，如其他人对对方的一句称赞，也可能引起你的嫉妒。那是因为，这种称赞意味着他比你强，也就是说他比你更有可能获得利益。当然，如果称赞者就是你们共同的上司，那就是直接的利益之争了。

引起嫉妒的竞争关系可能是现实存在的。如单位准备提拔一个副总，你和张三都具备条件，如此，你和张三就有实实在在的竞争。但有时候，竞争关系可能是虚妄的，只是存在于你的想象之中。比如，你和张三在同时追求一个女孩子，你认为你和张三之间存在竞争。但事实上，你根本没能进入那个女孩的“备胎”行列，即使没有张三，女孩子也不会考虑你。此时的竞争关系就是你自认为的，而不是现实存在的。

引起嫉妒的强弱因素也是相对的，且可能随着具体的情景而转换。你和张三同时竞争副总，你自认为自己各方面都比张三强，副总一职非你莫属。但最后结果是，副总职位还是归了张三。你可能对导致张三获得该职位的任何因素产生嫉妒。嫉妒的原因则由能力问题转换为其他问题，比如他有一个有权有势或财大气粗的父亲等。

虽然多数情况下都是低位者对于高位者更容易产生嫉妒，但有时候，高位者也可能对低位者产生嫉妒。典型的状况是，你是公司的销售部经理，你的突出业绩让分管你的副总感到了威胁，于是他嫉妒你。作为大权在握的领导，他可能想方设法刁难你，或者成心设局让你难堪，以降低你对他的威胁。

嫉妒产生的人性根源在于人与生俱来的自我意识。我们每一个人一生下来，就具有一种强烈的自我意识：“我是世界的中心”“我是最棒的”“我想要的东西都应该属于我”……这些都是自然形成的观念，父母的骄纵使得这一意识得到进一步强化。我国俗语是“老子天下第一”，西方人的说法是“每一个人都是自己的上帝”。只是由于人逐渐长大，逐渐认识到人的社会性，才慢慢地将某些意识让渡给了社会。但无论如何，“我”始终是一个人最优先和最经常考虑的因素。对此，快乐目的论也予以认同。

所以，人总是喜欢听好话。他说你优秀，你非常高兴，内心得到满足，并视他为好朋友。如果他说你的不是，你就会感到烦躁、失落、伤心，不愿意答理他。

嫉妒之所以产生，也是由于人性中的这种自我意识。嫉妒者心中一定认为所竞争的利益与他有“份”。“份”在儒家文化中占有重要的位置，《资治通鉴》就说：“礼莫大于分。”我们通常说的一个词“本份”，就非常准确地表达了“份”的天然正当性。

嫉妒就是因为打破了嫉妒者心中的“份”而产生的。“我这么优秀，副总的职位当然应该是我的！”这在你心中是一个很明确、很强烈的认知，但最后的结果却是张三获得了该职位。你的优越感被彻底破坏了。你会认为是选拔者不识人，同样也可能对自己的优秀产生怀疑。

从定义可知，嫉妒产生于和他人的比较。俗话说：“人比人，气死人。”就是说，与他人之间的比较很容易引起自己生气，是自己给自己找不痛快。然而，作为社会的人，不可能不把自己与他人进行比较，也不可能禁绝他人将你与其他人进行比较。所以，比较是不可避免的。问题在于，比较是不是就一定会产生嫉妒？笔者的看法是，可能性很大，但也并非那么绝对。

嫉妒的危害

嫉妒的产生有一个复杂的过程。首先就是比较。比较后，发现自己“技不如人”，心里就有点酸溜溜的，产生一种失望感。为了平衡失望感，你就可能开始中伤对方，这种中伤可以是公开宣告的，也可能只限于腹诽，诸如“吃不到葡萄就说葡萄是酸的”等贬低对方成果价值的话语，是此时你最可能的选项。显然，这种中伤除了使你自己略感心理平衡外，根本于事无补。相反，对方成果的价值逐步显现出来，如副总颐指气使的威风、副总更高的薪酬待遇等，终于使你觉得自己受到了挫折，羞愧感和屈辱感在心中滋生。最后，你会发展到记恨对方。

在整个过程中，多种负面的情绪都将伴随你的嫉妒而来，如焦虑、恐惧、悲哀、猜疑、羞耻、自咎、消沉、憎恶、敌意、怨恨、报复等，从而使你的生活受到严重的干扰。

中世纪著名的哲学家神学家托马斯·阿奎那在评注亚里士多德的《尼各马可伦理学》时，撰写了《论恶》一书，书中对所谓的宗教七宗罪做出了具体的描述，分别是虚荣、嫉妒、倦怠、暴怒、贪婪、饕餮和色欲。显然，这种描述带有浓厚的宗教色彩。如色欲，对于正常人而言，不但不是罪恶，甚至是一种必需的要素，否则，人类的繁衍都会成问题。然而，在世界各民族的文化中，基本都把嫉妒看作一种道德上的罪过。

如英国戏剧家莎士比亚在《奥赛罗》中写道："嫉妒……是一个绿眼的妖魔，谁做了它的牺牲，就要受它的玩弄。"俄国作家列夫·托尔斯泰在《安娜·卡列尼娜》中说："嫉妒是一种可耻的感情。"法国思想家拉罗什福科在《道德箴言录》中认为，"嫉妒是一种羞耻和不光彩的激情，是一种人们矢口否认自己拥有的激情"，"嫉妒却是一种不能忍受别人幸运的愤怒"。

在笔者看来，嫉妒并非如此邪恶，它是人的一种正常的心理状态。没有人没有嫉妒过，也很少有人不遭受他人的嫉妒。

在某些情况下，嫉妒是合理的。比如，你心爱的人对他人付出了一点额外的关心，你就嫉妒了。这很正常，因为你担心你们之间的感情受到威胁，甚至对心爱的人可能离你而去感到恐惧。为了挽救你们之间的感情，使当前稳定的生活状态不被影响，你会更好地表现，以进一步抓牢对方。在这种情况下，嫉妒甚至可以被认为是有益的。它提醒你，要时刻关爱对方，要时刻注意爱的付出。

如果你对心爱的人与他人之间的关系毫不在乎，笔者很难相信你真的在乎这个人。当然，爱人之间的这种关注也要注意分寸。既然相爱，基本的前提是信任。你不可采用偷看微信聊天记录、私下跟踪等方式监测对方，因为这会伤害到对方，从而伤害你们之间的感情。

嫉妒还具有一种“唤醒”功能。与他人的比较，也是向他人学习的第一步。嫉妒能够让你意识到自己的不足之处，无论你是出于虚心好学或者不服气的赶超，只要能够付诸实际行动，致力于更大程度地提升自己，嫉妒就起到正面的作用。

回答前面提及的一个问题。既然人与人之间的比较是不可避免的，我们就应该把这种比较作为学习的起点，而不是嫉妒的开端。

我们需要和他人比较，但更要善于和自己比较。如果你能使自己的每一个今天都比昨天有那么一点点进步，相信你自己，你一定非常棒，也一定会收获许多你想要的东西。

然而，不可否认，嫉妒在绝大多数情况下都会造成伤害。

嫉妒的受害者首先就是嫉妒者本人。嫉妒总是伴随着失败者的耻辱感，这种耻辱感对人的整体情绪，乃至身体健康都具有破坏性。此外，与仇恨、愤怒等负面情绪不同。仇恨者、愤怒者都会公然承认并表现出自己的仇恨和愤怒，而嫉妒者无论有多么强烈的嫉妒心，他们往往不会承认自己是在嫉妒，而且想方设法证明自己不是在嫉妒。这种“装”，也会造成嫉妒者心理的疲惫和心态的扭曲，也使得嫉妒的毛病更难于处理。

嫉妒给他人带来的伤害往往有两个方面。

其一是对嫉妒对象的伤害。嫉妒者往往采用一些负面的语言中伤对方。比如“他没有什么了不起，只不过运气比较好”之类，其目的在于削弱对方的比较优势，以减少自己处于劣势的不愉快感；或者贬低对方成就的价值，这就是典型的“酸葡萄”行为。

如果嫉妒者的行为仅限于此，其伤害程度可以认为是微不足道的。因为一般成功者都很大度，对于失败者的闲言碎语基本是可以包容的。只要被中伤者自己不把这些话当一回事，对其造成伤害的可能性很小。

严重一点的嫉妒者,可能会把攻击的方式引向道德的层面。他会指责你的成功在于徇私舞弊或其他不正当手段，指责你是一个利用不公平规则的获益者。这种诋毁很容易引发他人的想象，对成功者的形象造成伤害。更严重的就是嫉妒引发的仇恨。两人因此而结仇。

其二是对整个社会风气的伤害。嫉妒者不能容忍他人的成功与快乐，也不能接受他人的优秀与杰出，会想尽各种办法予以破坏。这种行为，就像莎士比亚所说的“妖魔”，把整个社会的风气搞得乌烟瘴气。

如何对待嫉妒

如果你被人嫉妒，首先要恭喜你！你有被人嫉妒的价值，意味着，你至少在某个方面比那个人强。但被人嫉妒也确实是一件很烦人的事情。无论是冷嘲热讽还是恶意中伤，都可能使你的情绪、工作或生活受到影响。对此，你首先要有成功者的大度，可以把他的这些话当成一个失败者寻求自我平衡的一种方式，善意地容忍他以对你的某种（轻微的，甚至是无意义的）伤害作为他发泄失意的一种方式。一旦这个时间段过了，一切都会消失了。

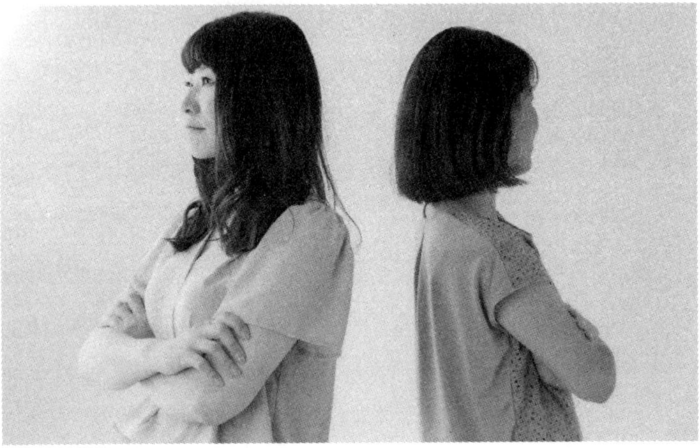

与他人比较，也是向他人学习的第一步，嫉妒能让你意识到自己的不足之处

如果你的胸怀更加宽广一点，甚至可以借此反躬自省，冷静思考一下对方的话，看看是不是确实存在逆耳忠言。如果真的有戳到你的痛处，那就加以改正；如果确实是无稽之谈，也不妨引以为戒。

如果上面两点你都做不到，那么，你至少也要做到不庸人自扰，不要让那些话对你产生不好的影响，就当没有听见那些话。你千万不要和他辩解、争执。嫉妒者的心态本来就不正常，而你又是他的矛头所向，一不小心就可能激化矛盾。

假设他对你的嫉妒已经发展到仇恨的地步，你就需要当一回事了。先托一个中间人从中说和，必要时，你也可以亲自出面，尽可能把仇恨化解掉。

如果你是嫉妒者，你首先要明白，嫉妒无法改变事情的结果，也不能换得他人对你的同情和理解。相反，嫉妒意味着对自己的否定，既丢了自己的“面子”，也让自己不愉快。所以，嫉妒一定不是你的最佳选项。如果你忍不住嫉妒，自己也意识到嫉妒不好，那也不必太过苦恼。一定程度的嫉妒是正常的。

你确实很优秀！这一点，笔者予以承认和鼓励。因为笔者始终认为，自信心是一个人非常重要且不可或缺的素质，是健全、完善的人格心理所必需的，所以笔者赞赏你的自信。然而，你也应该清楚，你的优秀一定只是你在某一方面或某些方面的优秀，不等于你在任何方面都优秀，更不意味着你应该获得所有你想获得的东西。

优秀是一个非常复杂的判断，虽然也存在着相当的客观标准，但也免不了主观的意见。而且，优秀的内容本身很丰富，你要想在所有相关内容方面都鹤立鸡群，也不是一件容易的事。即使对于副总这个职位而言，你各方面都很突出，你也可能因为一个非常次要的因素，比如抽烟（与你经常对接的一个大客户讨厌抽烟），就被排除了。

因此，当你被排除后，也不要嫉妒，而应闭门思过，好好检讨自己，总结教训，这样才能使自己真正进步。你要相信，是金子总会发光的。你只要充实与提高自己，机会总是有的。如果再次抓住机会，你将成为别人嫉妒的对象。如果机会真的来了，你却拿不出真东西来，那你就追悔莫及了。

一个人没必要，也不可能事事逞强。你应该做的是正确认识自己，充分发挥自己的长处，以实现自己的目标。记住，你是生活在你自己的目标里，而不是生活在他人的目标里。

你还需要注意的是，积极配合新的副总的工作。你杰出的工作表现才是你晋升的真正资本。

对于竞争，你要有正确的认识。竞争固然要看结果，更应该看重规则。因为，没有规则，就没有赢家。如果你这一次侥幸以非规则或反规则的方式获益，那么，下一次同样可能被他人以非规则或反规则的方式剥夺你的利益。只要结果是按照规则得出的，你就应该接受，并抱有应有的尊重。这是一种素养。坚持这个素养，对你只有好处，没有坏处。

第七章

信任是最渴望、最奢侈的要求

什么是信任

人是信任和不完全信任的复合物

要给信任一词下定义是比较困难的。不同的学科、不同的角度，对信任都有不同的关注点，从而给出不同的定义。本书从如下角度来讨论信任问题：信任，是人与人之间基于信赖而建立起来的特殊关系。这种关系可以衍生出其他合作关系，如交易关系、朋友关系，也可以不存在任何现实的关系，而只是一种心理上的依托。

美国心理学家爱利克·埃里克森把人生分成八个阶段，第一阶段被称之为基本信任—基本不信任的时期，其时间段是从出生到十八个月左右的婴儿期。

埃里克森的研究表明，此时的婴儿无法自给自足，必须靠母亲或其他照料者来满足其要求。如果母亲充满爱心且足够细致，孩子的要求多能得到及时、合理的满足，他会觉得可靠和安宁，因而会对这个世界产生信任感。相反，如果孩子的要求太多，得不到满足，他就会有危机感，对世界产生不信任。

我们清楚，无论多么优秀的母亲，也偶有疏忽的时候，孩子的要求不可能百分百地得到及时有效的满足。所以，孩子在这个时期，就形成了对于世界和他人既信任又不完全信任两种态度。这种基本态度日后因所受教育、社会经历等原因而有所修正，但不会有根本性的转变。

20 世纪 50 年代，美国兰德公司的科学家提出了著名的“囚徒困境”理论：假设有两个人因共谋犯罪被关入监狱并彼此隔离，相互之间不能进行任何沟通。根据法律，如果两个人都不揭发对方，则由于证据不确定，每个人都坐牢一年；若一人揭发，而另一人沉默，则揭发者因为立功而被免予处罚，沉默者则因不合作将入狱十年；若互相揭发，则因证据确凿，二者都判刑八年。由于两位嫌疑人都不能彼此信任，最终最可能的结果是两人互相揭发，而不是同守沉默。

从本文讨论问题的角度，可以看出这个理论说明了两点：其一，即使相互合作对于双方都是有利的，但是，由于达成信任的艰难，最终结果还是双方不予以合作。其二，信任的前提是沟通。无法沟通，则难于达成信任，不充分的沟通也不能达成充分的信任。

信任意味着什么

信任带来的第一个后果是服从。“我信任你，所以我愿意按照你说的做。”

从另一个角度看，信任也意味着一种控制：他信任你，你就能够在相当程度上控制他的行为。而且，这种控制往往比法规、纪律等外在的控制更为有效，因为受控者是心悦诚服地接受控制。

信任也具有风险性。你信任他人，意味着你将承担对方不值得信任而对你造成的伤害。波兰社会学家彼得·什托姆普卡将信任看成一种赌博，是很有道理的。

信任有明确的目标指向。你信任他，你就会对他的行为产生依赖性和可预测性。就是说，一旦你遇到什么事情，可能首先就是找他，而他对这件事情的态度，你心里是有预期的。如你向他借钱，你觉得他会借给你；如你向他征询对某件事情的态度，你也认为他的意见对于你是有价值的。

信任意味着放心。因为你信任他，所以把事情交给他就放心了。这种放心包括两个方面：他处理这件事情的态度和他处理这件事情的能力。

放心意味着成本的大幅下降。事情交给他处理，你就不用再操心了。你既不会整天忧心这件事情怎么样了，也不会派人督促、监督他。你相信他一定能够按照你的意思把这件事情处理得妥妥帖帖。

从对方的角度看，如果他信任你，那么，你将你的意愿告知于他就比较容易得到他的接受。这同样导致交易成本的下降。

人为什么需要信任

信任总体上是一个积极正面的词汇。一个人信任他人或得到他人信任，都是一件值得骄傲的事情。即使某人因信任错了而后悔自己轻信，目的也不在于指责信任不好，而是变相指责对方辜负了他的信任。

信任的这种价值来源于它是人与人之间合作的基础。作为社会人，在生活中必须和他人产生各种各样的合作。这些合作得以进行并达成目标，合作者之间的信任是一个必要的前提。

人类历史的发展也证明，一个群体比另一个群体强大，群

信任总体上是一个积极正面的词语，它的价值来源于它是人与人之间合作的基础

体成员之间的信任起着至关重要的作用。信任能够减少内耗、降低成本，把所有的力量都集中在达成群体的目标上。

在某些情况下，即使陌生人之间也能产生合作。比如你到一个餐馆用餐而不用担心食品安全问题，这同样是以信任为前提的。只不过，这里的信任不是对于陌生的餐馆老板的信任，而是对于某种规则的信任，规则在这里起着担保的作用。

当然，信任是动态的。通过合作，也能使信任得到强化和巩固。

今天的社会呈现出许多特点，如交往范围越来越广，一些从未谋面的人也能通过网络完成大宗的交易。各种技术手段越来越普及、越来越重要。这些特点，都迫使人们之间达成相当的信任。比如，乘坐飞机从北京到纽约，你就必须信任飞机的制造者、信任飞行员、信任北京和纽约两地的空管、信任飞行经过区域的国家的空管；还必须信任其他在相近区域飞行的飞机，等等。否则，你就不敢去乘坐这一架飞机。为了使这一架飞机的飞行让人信任，国际社会付出了大量的努力来建立这种信任。

实际上，在社会生活的各个方面构建信任平台，都是一个社会必须做的基础性工作，否则，这个社会将无法维持正常的运转。

信任的特点

信任可以是单向的，即你信任他，而他不信任你，至少没有表示或没有用实际行动表明他信任你。信任也可以是双向的，即彼此信任。

信任的内容可以是具体的、单方面的。比如你信任他诚实的品德，或信任他处理某件事情的能力。在更多的情况下，人们表达的信任看起来似乎是抽象的、一般性的，即你就是相信他这个人。但实际上，这并不意味着你就是相信这个人的一切。只能说，在一般意义上或目前所及的问题上，你倾向于相信这个人。

需要注意的是，信任其实是一种主观评价，与客观实际之间不一定吻合。当你对一个人说出“我信任你”时，真实的意思是“我认为我信任你”或“我认为你值得信任”。至于事实上，他是否真的值得你信任，那是另一回事。

虽然信任是人人需要或者人人追求的，但这并不意味着所有的信任都是你可以选择的。比如，基于某种规则的信任就是规则强加给你的。在你走投无路，陷于绝境时，对于一个表示可能挽救你的人，你多半没有其他选择余地。这叫做绝望型信任，也就是俗话说的“死马当成活马医”。

信任存在着程度上的差别。如果你觉得某人办事可靠，这是初级的信任；如果你对某人产生了依赖心，那就是中级的信任，也叫做信赖；高级的信任又叫做坚信，是一种非常牢固的信任。

人们时常听到这么一句话："怎么连一点基本的信任都没有？"这话虽然表明了信任的层级，但此话的意义更在于说明，人与人之间，应该存在着一种起码的信任。比如，你到农贸市场买一棵大葱，这是即时完成的现金交易，没有任何书面合同，也没有视频监控等记录整个交易过程。但一般说来，你并不担心付了钱以后摊主会说你没有付钱，摊主也不会担心你明明没有付钱却说付了钱。这就是因为你们之间存在一种基本的信任，一种基于人类社会正常运行必须存在的规矩而达成的信任。

随着人类社会的发展和科学技术的进步，人与人之间的合作范围越来越广，合作的人越来越多，合作的方式越来越多样，对信任的要求就越来越高。

在市场经济的环境下，人与人之间的合作达到空前的程度，信任也就显得更加重要。"市场经济就是诚信经济"，所谓诚信，就是以真诚之心行信义之事。在市场经济的条件下，只有大家讲究诚信，才能实现双方利益的最大化。如果双方都不诚信或一方不诚信，那么，或者根本不可能合作，或者合作成本极高，或者合作的后果非常糟糕。

正是因为有这样的特点，信任才成为人的一种精神需求。可以说每一个人都渴求得到他人的信任，同时也希望能够信任他人。一个不能得到他人信任的人，或者一个找不到可以托付信任的人，其情绪往往处于极度的焦虑之中。

然而，遗憾的是，信任或许已经成为当今社会最为奢侈的东西之一。你想信任他人不易，要得到他人的信任，或许更难。

怎样才能建立信任

信任或不信任，是一个问题

有一个故事能够说明信任的不易。

二战期间，两个犹太兄弟想要逃出纳粹德国，他们希望得到父亲的某个可信任的朋友的帮助。

哥哥认为，应该去找某个银行家。因为父亲生前曾多次帮助过这个银行家，按照知恩图报的道理，此时，这个银行家应该会出手相助。

弟弟则认为应该去找某个木材商。因为这个木材商多次帮过自己家，再帮一次应该不成问题。

到底是“以前帮助过你的人”更可能帮你，还是“你以前帮助过的人”更可能帮你？兄弟俩发生了分歧，于是决定各自去找各自认为能够帮助自己的人。

结果，银行家并没有帮助哥哥，木材商却真的帮助了弟弟。

“以前帮助过你的人”比“你以前帮助过的人”更值得信任。这应该是一般的情况。之所以会这样，与一种奇特的心理因素有关。

接受过他人帮助的人，往往存在一种自卑感，这种自卑感使得他不愿意承认自己接受过他人的帮助，当然也就不愿意对他人的帮助作出回报。因为这会使他愈益自卑，并因此痛苦。

相反，善于帮助他人的人，其帮助行为往往是出于一种习惯、一种自觉，只要遇到他认为应该并且能够帮助的事情，他会自然地施以援手。

可见，微妙的、不可捉摸的心理因素，在信任的达成过程中也会发生作用。

信任建立的条件和对价

信任的建立是需要条件的，即只有满足一定的条件，双方才能达成信任。有的信任表面看起来似乎无条件，比如儿女对母亲的信任，但事实上，这里依然存在着母子血缘亲情这样一个前提条件。不同的是，一般的信任是以利害关系为条件，这种条件的权衡依赖于理智的分歧。特殊的信任以一种信念或信仰为条件，此时，条件预先植入人的意识之中，一旦满足这种条件，信任往往自然而然地产生。

这样的分析并不意味着基于信仰或信念的信任就比基于利害关系的信任更可靠，或者相反。在实际情况下，这两类条件是可能相互转化的。利害关系达到一定程度，也可能让人背叛自己的信仰；一种稳固的利益同盟的形成，也可能使信任成为不言而喻的事情。

信任的建立有两种情况。一种是你如何得到他人的信任，另一种是他人如何才能让你觉得可以信任。从操作层面上看，两种情况的处理过程是一致的。

信任是需要对价的。你如果想要得到他人的信任，就得给对方提供某种换取他信任的东西。古时候，上山投靠土匪窝所缴纳的投名状就是这样一个对价。

《说岳全传》（全称《新增精忠演义说本岳王全传》）中至少提到了三种非常重要和典型的对价。

其一，双枪将陆文龙还在金兀术手下效力时，曾大败岳家军。岳飞对此束手无策。王佐见状，便砍下自己的右臂去投靠金兀术，试图伺机刺杀陆文龙和金兀术。金兀术还真的相信了王佐。

其二，秦桧被俘后试图返回中原，为了获得金兀术的信任，他采用的方式是对天发毒誓。

其三，康王赵构则是以认金兀术为父来换取他的信任，最后得以逃到杭州当了皇帝。

可见，对价的形式是多种多样的，并无一定之规，全赖当事人对对方心态的把握。

一般说来，如果你希望得到他人的信任，所考虑支付的对价应该具有如下特点：其一，利益共赢。你要让他明白，信任你对双方都有好处。其二，能力展示。要让他相信你是一个值得信任的人，你具有帮助他达成目的的能力。

当你向某人做出了信任的表示后，比如，当你满怀希望地向某人求助后，如果得到正面的回应，你对于他的信任感就会增加，甚至，你可能因此对他产生依赖感。然而，如果你得到的回应是负面的，你们之间的信任就会受到挫伤。

一般说来，信任问题与对错问题无关。你认为他应该值得你信任，实际上他并没有按照你期待的方式行动。这只能说明你的信任错了，而不能说明他的行为错了。因为，任何人都没有义务无条件地按照他人期待的方式做事。

当然，如果你们互相之间已经达成某种约定，那么，对他来说，这就不是一个信任问题，而是一个信用问题。不讲信用，无论如何都是错误的。

信任是建立在了解的基础上

我们时常会听见这样的说法："信任是一个奇怪的东西。我也说不清楚为什么，我就是相信他。"

这种说法只是表明了信任建立的微妙和复杂。有时候，你非常希望和某人建立信任关系却不得；有时候，似乎是轻而易举，你和他就达成了相互的信任。但仔细分析，还是能够发现信任的建立总是有原因的。

首先是血缘亲情关系，也就是父母子女之间、兄弟姐妹之间，这是最容易建立信任关系的，一般也是最牢固的信任关系。

其次是爱情。相恋的人比较容易建立起信任关系。

其他的特殊关系如老乡、同学、同事等，也比较容易建立起信任关系。

可见，信任的基础是了解。只有相互间有一定程度的了解，两人才可能建立起信任关系。而且，信任的程度不会超过两人了解的程度。比如你会说："我和张三只是工作关系，在其他方面互不了解，所以我不好说。"这就意味着你不愿意就超出工作范围的事项表达对张三的信任。

了解什么才可能产生信任？如下方面是人们比较容易接受的。第一，一个品行正直的人容易让他人信任；第二，一个忠诚可靠的人容易让他人信任；第三，一个开朗、阳光的人容易让他人信任；第四，一个才能杰出的人，至少在他所擅长的专业领域内，容易让他人信任。

了解往往是人与人接触多了而自然产生的一种现象。信任则是有意识追求的一个目标。当你在考虑对某人是否信任时，这就意味着你们之间的关系介入了新的因素。这种因素就是利益和交换，就是说，当你向某人表达信任时，你们之间一定存在着利益关系，而且你准备和他进行某种利益的交换。

比如，你对张三说："我是相信你的。这个话你不要对李四说。"此时，最常见的情况就是李四的存在对你构成了威胁。你试图通过向张三表达信任，而换取张三在这个问题上对你的支持。

信任是理性与非理性综合作用的产物。通过对价值观、利害关系等进行理性分析，可以得出是否可信任的判断。然而，只有理性分析，信任就只是一种冰冷的预测模型，而不会成为人与人之间的一种特殊关系。所以，非理性因素在信任中也占有重要的位置。如一个人即时的情绪，也可能影响他的信任判断。其中，人的以往的经验，包括对信任对象的个人的经验、对处理类似事项的经验和其他直接与间接的经验，更是对信任判断产生着重要的作用。人通常都是利用这些经验来做出信任判断。

相似性是影响信任感的一个重要因素。对方与你越相似，你越容易对对方产生信任；如果对方与你差异较大，信任就比较难于产生。

因此，平等的人之间容易产生信任。位于上位者也会对下位者予以一定信任，但下位者就很难对上位者形成信任。

一个具有包容心的人能够从主观上消除许多差异性，比较容易对他人产生信任。这种人对于信念、情感、行为等方面的不同，都可以做到兼容并蓄，不会试图以自己那一套东西作为唯一正确的版本，试图以“一统江湖”的方式来消除分歧。

个人特点也影响着信任判断。诚实，或许是最容易让人产生信任的一个品质。一个人，不仅在一些重大原则问题上诚实，而且在日常生活小事上也保持着一贯的诚实，他就成为一个袒露程度很高的人，别人容易了解他，也容易信任他。

社会氛围对信任判断也有影响。在一个公序良俗的社会，人与人之间的信任度就会提高；在一个尔虞我诈的社会，人与人之间的信任就会显著降低。

信任的敌人是误解和背叛

信任有两个敌人，那就是误解和背叛。它们的存在，使得信任的建立和维持更加艰难。

误解，即人与人之间因为误会而做出了错误的理解。由于人的认知能力、观念立场、心态情绪等因素，使得误解在所难免。如果误解出现在特定的时间且针对特定的问题，那么，就可能危及信任。

比如，你本是出于悲悯之心而去救助一个需要帮助的女孩子，同时也希望他人能施以援手，但别人认为你是见色起意，不愿帮忙。好在，处理误会相对说来是比较简单的。

你对误会的处理方式与所涉及的人和事有关。如果误会你的人并不是你在意的人，所误会的事也不是什么重要的事情，你完全可以置之不理，就当没有这回事一样。相反，如果误会你的人是你特别在意的，或者所误会的事项特别重要，你就应该当坦诚相见，说明真相、澄清事实，误会就会烟消云散。

需要提醒的是，如果误会的是事实，可以用说明真相的方式解决。然而，如果误会的是看法、观点，那么，因为此种误会很有可能涉及价值观的问题，所以基本无法采用说理方式解决。也就是说，有关价值观的误会是无法消除的，除非一方改变了自己的价值观。

思想史上有一个论断，所谓新思想战胜旧思想，比如日心说战胜地心说，并非是新思想说服旧思想，使持有旧思想的人

如果误会你的人是你特别在意的，就应该当坦诚相见，说明真相，让误会烟消云散

转而接受新思想；而是因为，随着时间的推移，信任新思想的人越来越多，信任旧思想的人越来越少。有这样一句很流行的话："男人无所谓忠诚。所谓忠诚，只是背叛的砝码太低。女人无所谓忠贞。所谓忠贞，只是给付的诱惑不够。"这话有点过于绝对，但并非毫无道理。

从根本上来说，利害关系应该是判断一个具体的人或事是否应当信任的根本因素。如果两人之间有利害关系（如囚徒困境中的囚徒），那么，至少在有利害关系的事项上，两人之间很难达成信任。

也就是说，在利害关系存在的情况下，信任面临着最严峻的考验。此时，背叛随时可能发生。背叛的基本含义是出卖、放弃和背离，即对原来意思的一种否定。从信任的角度看，背叛就是违背了相互间的信任。

有一组数据很能说明利益在信任中的地位。据统计，中国历史上大大小小的王朝加起来，一共 611 名皇帝，但其中非正常死亡的有 272 人，占总数的 44.5%。这个比例远高于一般人的非正常死亡率。究其原因，在于帝王的利益太大，觊觎者太多，愿意为此付出的成本也很高。因此，帝王很难信任他人，即使是父母兄弟。唐王朝的玄武门之变就是一个例证。

然而，在人与人之间的交往，完全没有利害关系的时候微乎其微。如此，是否意味着背叛总是会发生，而信任绝不可能呢？

答案当然是否定的。

因为，人设计了许多方式来对抗背叛，其主要思路就是提高背叛的代价，让你从背叛中获得的收益远远小于你背叛所遭遇的惩罚，使得你不敢背叛。

还有一种辅助手段就是对不背叛的奖赏。比如黑道。许多黑道上的人牙风都很紧，那是因为，如果不背叛，你最糟糕的结果无外乎死亡，但你的家人会得到黑道很好的照顾。然而，一旦你背叛了黑道，黑道就会追杀你，无论天涯海角，永不言弃。如此，你仍然难逃一死。更有甚者，黑道可能还会拿你的家人开刀。如此，你付出的代价更大。

尽管如此，黑道上的背叛也屡见不鲜。难以忍受眼前的痛苦或难以抵御眼前的诱惑是一个方面，对未来惩罚的侥幸是另一个方面。两者一结合，背叛就发生了。

有的间谍组织正是看到了背叛发生的可能性极大，也提出了一种妥协的规定。即如果你被捕，你一定要坚持一定的时间（比如 24 小时），以便组织有时间安排相关人员撤离及处理其他事务。这实在是一种无奈之举。

一般人没有黑道、间谍机构和其他组织那样的制约背叛的手段，他们能够凭借的只有道德和法律。所以，当遇到比较大的利益纠葛时，最好的办法是签订契约，以明确的权利义务及违约惩罚来限制对方的背叛行为。至于一般性的利益纷争，估计只有对背叛者进行道德谴责这一种方式了。

对一般人来说，前面所介绍的原则可以细化为以下三种方式，对于评估背叛的风险是有帮助的。

其一是采用负面分析法来考虑背叛是否可能发生。即假设对方会背叛你的信任，那么，他从这种背叛行为中能够得到什么好处？如果这个好处是现实的，且具有足够的诱惑力，这个人的信任度就是值得慎重考虑的。

其二可称为制约性思考。假设对方有可能背叛你的信任，你是否掌握有效的制约措施？如果有，那就意味着他背叛的成本比较大，那么背叛的可能性就小。

其三是“输得起思考法”。当你拿不准是不是应该相信对方的时候，你可以考虑假设对方背叛了你，其后果你是否能够承担？如果你能承担这个后果，那么就信任他。信任错了，就当交一笔学费好了。

第八章

你的金钱观反映了你的人生观

金钱的本性是什么

记得作家王朔有一句名言：“钱不是万能的，但是没有钱是万万不能的。”这句话对金钱的功用描述是相当准确的。

人的一生不可避免地要和金钱发生种种关系。金钱也确实在许许多多的场合给人带来了快乐。但我们也无法否认，也有许多人正是因为金钱而坠入万劫不复之地。为了使金钱带给我们的是真正的快乐生活，而不是无法弥补的伤痛，我们应该在理论上对金钱有一个清醒的认识。

金钱不是自然界固有的一种东西，而是人设计出来的。金钱有多种表现形式，今天最常见的金钱形式是纸币。纸币的直接表现形态就是一张印着各种图案的纸。这张纸本身的实用价值是非常低的。除了钱币的设计者、制造者、研究者、收藏者从专业技术的角度会对这个图案产生一定的兴趣外，其他人基本不可能将其作为艺术品来欣赏。至于它在其他方面的商品价值，几乎完全可以忽略不计。比如，如厕时，一张 100 元面额的纸币，远没有一张 2 毛钱的纸巾用起来顺手。这并非是说没有人会将 100 元的钞票当纸巾用，而是说，纯粹从纸张与肌肤接触的舒适程度而言，纸币也比纸巾差多了。对于其他形式的金钱，电子货币的商品价值几乎为零，硬币、铜板的商品价值略高（你也可以将硬币当做废金属出售），金银等贵金属货币的商品价值更高。本文中，除非特别指明，所提及的“钱”“金钱”“货币”，指的均是纸币。

但金钱确实是最受到人们追捧和渴求的一张纸。人们之所以如此喜欢这张纸，是因为人们清楚，这张纸能够换来人们所希望得到的绝大部分东西。

这里要介绍一个专业术语——一般等价物。这其实就是经济学上对钱（专业术语叫做货币）的性质的界定。与一般等价物相对应的就是特殊等价物。比如，假设某一个群体约定：一头牛相当于五只羊，两只鸭相当于三只鸡等。这里的牛羊、鸡鸭就是特殊等价物，一部分持有某种特殊等价物的人，可以从其他的持有相对应的特殊等价物的人手中换取自己需要的东西。

显然，这种特殊等价物之间的交换非常不方便。比如，张三想吃鸡，但是他手中没有鸭，那么，即使他知道李四手中有鸡，他们之间也无法直接进行交换，因为不清楚如何对价。

为了使人们之间的交换更便捷，人们慢慢意识到，必须有一个社会公认的一般等价物存在，其他任何商品都根据这个一般等价物来核定其价值，并与一般等价物进行直接交换。在此基础上形成各个不同商品相对于一般等价物的价格，人们就按照这个价格来完成交换。

这个一般等价物在历史上有多种表现形式，如贝壳、白银、黄金等。在今天，最广泛使用的就是钞票（又叫现钞）。未来，今天采用的微信、支付宝等方式支付的电子货币，将越来越扩大其使用范围。

通过上述介绍，我们清楚了钱的三个最基本的特征：

第一，钱是一个价值尺度。钱本身就是一个商品，也具有其价值，所以可以用来衡量其他商品的价值。

即使对于某些不具有商品属性的东西，如人的生命、尊严、信仰，钱依然可以在一定程度上对其具有的价值进行数量化。如法律上规定的死亡赔偿金、精神损害赔偿金，以及信众向寺庙捐赠的香火钱等。

钱是由社会分工引发的商品交换所促成的。如果每一个人都能独自生产他所需要的所有物品，那么就不存在商品交换，当然也就不可能需要钱。

在社会分工的情形下，人的劳动往往并非产生直接为自己使用的劳动产品，在绝大多数情况下，劳动者的劳动产品都是通过交换归他人使用。如此，劳动就有了社会性，即一种社会劳动。虽然钱表面上是对商品的评价，但商品作为人的劳动成果，钱本质上是对人的劳动成果的评价。进一步说，也是对人的劳动能力的评价。单位时间内，你所生产出来的商品更值钱，这就意味着你的劳动能力更有价值。

所以，钱与劳动有着直接的联系，一件商品的价值是以生产该商品所需要的社会必要劳动时间作为尺度的，钱是凝结在商品中的社会劳动的化身。劳动，在这里依然作为一种商品的表现形态，由钱进行评价。只有通过劳动交换所获得的钱，才具有来源上的正当性。从整个社会来说，钱的总数额并不是无限的，而是受当时社会总的劳动成果的约束。

历史上的钱（一般等价物），如贝壳、金银，其本身也有着相当的实用价值，或者美化生活，或者作为生产其他商品的原材料，因而有着相对恒定的价值。纸币的出现颠覆了这一规则，使得钱具有了超越其实用价值的独特且至高无上的交换价值。比如，你可以点燃一麻袋纸币，同样可以烧开一锅水，但钱的这种

钱是凝结在商品中的社会劳动的化身，一件商品的价值是由生产该商品所需要的社会必要劳动时间作为尺度的

实用价值与其交换价值相比是微乎其微的。

美国出口最赚钱的商品是什么？肯定不是微软软件，也不是苹果手机，同样不是好莱坞电影、军火等。最能给美国带来利润的商品是美元。美国生产 100 美元的纸币，所花费的成本只需要 6 美分。你如果想要从美国人手里拿到这 100 美元，却需要支付实实在在的价值 100 美元的劳动成果，比如，六七百瓶矿泉水。美国人由此获得了超过千万倍的利润。

人们之所以愿意做这种“亏本”的买卖，是因为看上了美元的最普遍、最广泛的交换价值。只要持有这 100 美元，你同样可以用它换取你所需要的，也确确实实价值 100 美元的许多商品。但是，当你用美元换购美国所生产的商品（比如苹果手机）时，这一行为又促进了美国商品的销售，增加了美国的财富总量，使得美联储有实力发行更多的美元。如此，美国还是赢家。

第二，钱的流通价值。在钱出现之前，商品交换是物物之间的直接交换，即以商品兑换商品。钱出现之后，商品交换的主要形式就是以钱作为媒介物来进行的，即你依靠出卖你的劳动或卖出你不需要的商品来换取钱，再用钱去购买你所需要的商品。在这个过程中，钱在不同的人之间转手，正是通过钱的流通实现商品之间的交换。

钱的价值完全体现在流通过程中。“钱是拿来用的”，这里的“用”，只能理解为流通。钱如果不用于流通，其本身可以说没有任何价值。

有一个小故事能充分说明钱的流通价值。

有一位旅客进入一家旅店准备住宿，他拿出一张1000元的钞票放在柜台上，然后去挑选一间合适的房间。

旅店老板立即拿起这张1000元的钞票，跑到隔壁的屠户那里偿还了他所欠的1000元肉钱。屠户拿着这1000元，又跑到马路对面支付了他所欠养猪人的1000元猪款。养猪人立刻将这1000元给了饲料经销商，结清了所欠的饲料款。饲料经销商又拿这1000元偿还了他的嫖债。妓女有了这1000元，立刻到了旅店，支付了他所欠旅店老板的房租。

旅店老板又把这1000元放在了柜台上。

此时，旅客从楼上下来，称没有一间满意的房子。于是拿起柜台上的1000元走了。

看明白了吗？虽然没有人生产什么东西，也没有人事实上得到什么东西，但所有人的债务都偿清了。没有这1000元，所有人都债台高筑，而有了这1000元，每一个人都无债一身轻。这个故事显然是人们编造出来的，却非常清楚地说明了钱的流通价值。

钱的流通，表面上看起来是一张纸币的流通，其实，本质上依然是这张纸币蕴含的劳动价值的流通。

现实生活中的真实情况是：你工作一个月，老板给了你5000元的工资。这5000元本质上就是你的劳动价值。你拿出其中的20元买了一碗牛肉面，就是用你的劳动价值去交换餐馆工人的劳动价值。

第三，钱的法定性。作为商品交换媒介物的钱，其本身具有多少价值不是人们关心的，人们关心的只是社会公众是否一致认为它具有某种价值。纸币就是典型的本身没有价值同时又拥有似乎无穷大价值的代表。赋予钱这一性质的是国家法律，所以，钱又常常被称为法定货币。

每个国家都发行了自己的钱。一个国家发行钞票的权力叫做铸币权，多由国家垄断。即使如美国不是由中央政府发行纸币，同样也是由国家法律规定并运用国家机器强制保护钱的流通。

国家发行了钱，就是国家向整个社会建立了一个契约。钱的发行国向所有人（不限于本国人）作出承诺：只要你持有国家发行的钱，国家就保证你能用钱换取你想要的东西。国家法律对钱的流通的保护是非常有力的。如果你从他人手中购买了一台偷窃得来的手机，法律规定你必须无条件地将手机退还机主。但是，即使你通过合法交易的方式取得了他人偷盗而来的金钱，法律并不要求你退还该笔款项。原因就在于，保护钱的正常流通相对于处罚购买赃物而言，处于一个更高阶的原则。

金钱带给人什么东西

金钱有什么用处？根据上面介绍的钱的本性，我们清楚，钱的直接作用就在于流通：以你手中的钱去交换你想得到的东西。

当然，这种流通分为现实的流通和潜在的流通。你花 1 元买一瓶矿泉水，这是现实的流通；你把钱揣在口袋里，钱也处于潜在的流通状态。实际上，钱所能带给人的东西远远不止于此，钱的作用在文化、心理等多种方面都有体现，以至于许多人认为“金钱万能”。

你每月能够挣 5000 元，他每月能够挣 10000 元。这就说明，他一个月的劳动比你一个月的劳动更有价值。按照一般的评价标准，他就比你有本事。这时，钱甚至成为衡量一个人的价值的尺度。

这个结论其实很容易招致非议。实际上，有许多东西是很难，甚至不能以钱来衡量其价值的，所以，完全以钱的数额来评估人的价值是片面的，也是很少见的。

钱还是财富的象征。此时，它会带给人荣耀、地位等额外的利益。但钱带给人的最大利益在于安全感。俗话说：“手中有钱，心里不慌。”只要你手中有相应的钱，就可以很安心、很顺手地处理许多事项。经济学家约翰·梅纳德·凯恩斯提出了一个术语叫做“流动性癖好”，用于分析货币发行的数量。意思是说，由于人持有现金而不是与现金相当的实物（如年终奖，你会选择拿1万元现金，而不是价值1万元的生活必需品），会影响货币发行量的大小。但从人的行为动机分析，正是现金所拥有的灵活性和可靠性，能实时地用于保障他所面临的安全需求，才使得人总是习惯于手里攥着现金，即使因此而丧失一定的利息。

人的安全感是没有上限的，所以，人对钱的追逐也没有上限。这种心理及相应的行为，总体上会促进社会的不断发展。因为，你要想获得更多的钱，就必须付出更多劳动，客观上，也就为社会创造了更多的财富。

尽管如此，还是要强调一点，对钱的喜爱是对钱所带来的交易成果的喜爱，而不是对钱本身的喜爱。钱本身无论如何不能成为崇拜的对象。像电视剧《人民的名义》中的国家某部委计划处处长赵德汉，将常年贪污得来的2个多亿元赃款藏起来“欣赏”，实在是对钱有着错误的认识。

由于纸币与其实际价值关系不大（对于美元来说，布雷顿森林体系的崩溃是一个有说服力的证明），而纸币又是通过国家强制力推行的，每一张纸币就是一张政府出具的欠条。如果国家发行的纸币总额超过了国家的经济总量，意味着国家已经没有实力兑现这些欠条，就会发生通货膨胀，说白了，就是钱不值钱。到时候，也许你真的只能依靠点燃钞票来烧开水了。这是纸币最大的危险。因此，以钱作为安全保障是存在风险的。

纸币与传统的金银货币的最大区别在于，金银货币本身有着公认的价值量，同时也具有流通过程中的交换价值，也就是说，金银货币的价值是真实的，所以人们有时候把这种货币称为“硬通货”。而纸币则基本没有实际的商品价值，其能力全赖于政府为其提供的保障。

美元是以美国政府发行的国债作为抵押，由美联储发行的。这集中体现了法定货币“欠条 + 许诺”的特点。人民币的发行规则与此不同，它既没有以国债作为抵押，也没有以金银为支撑，它又具有法定货币的基本属性，是一种纸币本位制，属于信用货币。纸币发行量一般由国家根据经济发展的需要来决定，国家要对其实行严格的管理，也必须依靠国家的强制力作为纸币价值的保障和流通。

如果我们把话题稍微扩展一下，会发现，货币不仅对于每一个人非常重要，它对于一个政府也非常重要。历史提供的经验教训是：当一个政权垮台时，往往存在货币发行失控的现象；当一个新的政权成立时，意味着一种新的货币产生；如果一个

纸币与传统的金银货币的最大区别在于，金银货币本身有着公认的价值量

政府想在国民中保有良好的形象，确保发行货币的基本价值和流通是一个必须的选项。

我们应该怎样对待金钱

弄清楚了钱的性质，我们再来讨论对于钱的态度。可能很少有东西像钱那样，人们对待它的态度是如此矛盾。

一方面，不少文学作品和理论著作都毫不吝啬地把大量的污言秽语倾倒在钱上；另一方面，人们却是更多地见到人，甚至包括上述作品和著作的某些作者，不择手段地疯狂追逐金钱。

一个人对钱的态度，往往是他的生活态度的直接写照。在与人打交道时，无论是恋爱结婚、结交朋友、雇佣员工等，他对钱的态度也会影响你对他这个人的态度。如果一个人对钱满不在乎，估计很难让你相信他会认真对待其他的事情；然而，如果一个人对钱过于斤斤计较，估计你和他打交道也会太累。即使几个朋友一起外出游玩，如果彼此在金钱方面的态度太过悬殊，也会直接影响此次游玩的快乐程度。

在此，笔者亮明自己的一个原则：无论你说钱有多重要，笔者都不反对。但是，笔者想强调一点，一定存在着比钱更重要的东西，比如，自然界的空气和阳光、一个人秉性的正直和善良等。抽象地说，没有多少人会否认它们比钱更重要。问题的难点在于，人在处理相关事务时，能否把这些抽象的理论认识落实到具体的行为抉择之中。比如，你是不是为了赚取一笔数额可观的钱，就可以置污染空气的后果于不顾？

无疑，这又涉及价值观的问题，而明确的、坚定的、正确的理性认知，有助于形成一种正确的价值观。

根据快乐目的论，每一个人追求金钱的权利都是不容侵害的，你当然可以采用你认为有效的任何方式去挣钱，但不能因此影响他人挣钱。无论如何，为了追求你的巨额收益，让千百万人呼吸受到污染的空气，这不能成为一种应当的行为。

严格地说，比例原则在这里是无效的。即使你收获巨额金钱的行为只伤害到一个人的利益，也不能以得大失小为理由赋予你的行为天然的正当性。此时的正确做法是：在做出行为之前，应该与相对人进行有效的协商，获得他的授权和许可，也可能还要支付一定的对价，如此，才能使你的行为具有正当性。

对于钱的正确的价值观是：钱只能是手段而不能是目的，钱总是用来达到一定目的的手段。作为手段，钱可能是最重要的，因为它几乎可以换来你想要的任何东西；作为目的，它没有任何价值，连手纸都不如。

在理论上，许多人也承认有许多比钱更有价值的东西。但在遇到实际事物时，又往往认为，相对于眼前这笔钱的数额，对那个所谓更有价值的东西的伤害就不值一提，或者认为，先暂时放一放，等钱挣到手以后，可以对这种伤害进行弥补，最终还是做出了伤害其他而挣钱的选择。殊不知，这样的选择多了，首先，你会养成一种习惯；其次，所谓更有价值的东西会在你心中越来越没有价值。即使在遇到对最有价值的东西造成重大伤害，甚至是无法弥补的伤害时，你依然可能选择伤害它。

近四十年，我们对环境的污染就是这样。所以，人做事，坚持一个原则是非常重要的。无论是为了钱或者其他什么，有些事情都是不能做的。一点都不能做！

另一个需要注意的问题是，钱的价值并不如钱的面值一样是恒定不变的。同样一笔钱，在不同的人手里以及在不同的情况下，其价值差别是非常大的。

比如，一万元对于今天的马云实在不算是什么钱，但对于三十年前的马云，这依然可能就是一笔巨款。就今天而言，一万元对于马云和穷困的农民，也具有完全不同的意义。

无论是挣钱还是花钱，每一个人都可能遇到类似的钱的真正价值问题。你考虑清楚这个问题，对于你挣钱和花钱的方式很有帮助。

对于钱的第一个态度涉及怎样得到钱，即怎样赚钱。要记住：不能因为赚钱而伤害到你的目的。快乐目的论认为，人生的目的就在于追求当下的快乐。除非你像上面提到的赵德汉那样只是看着钱就快乐，你千万不要以追逐钱为目的，除非你认为坐牢是一件快乐的事情，否则就不能因为违法攫取钱财而让自己面对牢狱之灾。

其实，在人生的旅程中，一个人做的许多事情，诸如考大学、找工作、结婚、谈一笔生意等，都有可能只是为了实现快乐生活目的的一个手段。既然同样都是手段，在处理这些具体的事务时，人到底应该把钱放在一个什么样的位置？

作为快乐目的论中的快乐，是人的行为的目的。这并不排除人在从事具体的行为时将这个快乐具体化为某个东西，比如钱。从这个意义上说，如何对待钱的问题，全赖于钱在你从事的该项具体行为中能否成为目的。

在所有行为都是符合法律、公序良俗和职业操守等一般性准则的前提下，如果你从事的是非营利性事务，比如和一个女子谈婚论嫁，此时就不应该把钱放在一个突出的位置上。有的事务则根本不能考虑个人的经济收益，如法官审判案件，只需要依法办案即可，切不可考虑如何判决对自己“有好处”。对老年父母的赡养，也只需要考虑尽心尽力即可，不应该考虑是否有所回报或回报的多寡。

如果你处理的是营利性事务，如经营店铺或洽谈生意。此时，

“挣钱”“尽可能挣大钱”就是你从事该事务的目的。你就应该发挥聪明才智，谋求金钱收益的最大化。

对于钱的第二个态度涉及钱到手后的处理，即怎样花钱。有观点认为，钱来自于社会，最终应该回报给社会。所以，有钱人应该像比尔·盖茨和巴菲特，将自己的资产捐赠给慈善事业。

在一般意义上，笔者赞同钱应该回报社会的说法。但是，捐赠给慈善事业肯定不是有钱人处理遗产的唯一选项，甚至未必是最佳选项。

企业家的社会责任感主要体现在两个方面，其一，提供就业机会，为社会公众的基本生活提供保障；其二，依法纳税，为社会的良性运行提供支持。其他方面的社会责任感都是额外的、附加的、非必须的。如果你能够找到一个优秀的继承人（比如你的儿子，或者一个团队），能够继续把企业做大做优，为更多的人提供就业机会，并缴纳更多的税收，那就是更大的善。

不过，对一般人而言，这个议题还是过于遥远。普通人所面临的花钱问题，主要还是日常生活中遇到的问题。这些问题可以概括为三个方面：其一，这个钱该不该花；其二，这个钱花得值不值；其三，怎样花这个钱更合适。

其实，该不该花的问题是一个比较简单的问题。钱本来就是用来花的，只要你不是把钱用于资助犯罪和其他伤害他人及社会的行为就行。至于说到钱的浪费、奢侈等是不是应该，那要相对比较后才能够得出答案。如果你的收入足够满足你的奢侈生活，那你就奢侈好了。但是，如果你没有那个经济实力，又向往奢侈的生活，那就应该先努力工作，积蓄和发展自己的经济实力。否则，你的结果只能是如下之一或全部：或者陷入欲望无法满足的痛苦，或者寻求违法犯罪的快速致富途径而身陷囹圄，或者出卖自己的人身、良知等以换取他人的施舍。

在花钱上的困境主要还是存在于如下情况：你有一定的钱，却有太多想法，钱无法满足你所有的想法，那么该怎么办？

按照你的快乐等级次序来决定花钱的次序：先把最能让你快乐的事情做了，再依次考虑其他。

笔者这样表述，并非提倡奢侈生活。相反，笔者认为，勤俭确实是中华民族的美德，今天的中国人依然应该继承和发扬这样的美德。毕竟，钱真的没有“随便花”的时候，即使是富如马云、马化腾，也难免会在买A或买B上费尽心力地权衡评估。

笔者只是认为，如何花钱完全是个人的私事，他人不应该妄加评议，更不该动不动就站在道德的高地上横加指责。毕竟，追求更美好的生活，包括吃得更好、穿得更好、住得更好等，都是一个正常人的正常想法。如果你有条件，多半你也不会成为例外。俗话说：“人活一张脸。”钱固然是用来满足生活需

如何花钱完全是个人的私事，毕竟追求更美好的生活，都是一个正常人的正常想法

求的，但也可以用来满足人的虚荣心。

花得值不值本身就是一个价值判断，所以与当事人的价值观有着密切的关系。符合你价值观的开销，你就会认为是值得的。

当然，也有一些一般原则可供参照。

第一，投资自己的钱是值得的。一个人应当不断地提升自己，这不仅是为了追求职业的发展或事业的成功，也是为了自己内心的充实。为此，进行相应的投资是有必要的。

第二，换取良心平静的钱是值得的。如果某种状况或场景使你觉得不花一些钱就会良心不安，只要你的条件许可，尽管花去吧。否则，日后你每当想起此事就耿耿于怀，那就严重违背了快乐生活的原则。

第三，消除仇恨的钱是值得的。本书有专门的章节讨论仇恨的危害。这里只强调一点：如果这种仇恨能够用钱化解，那么，你就花点钱吧。当然，这样做的前提是，你自己都认为他对你的仇恨是有一定道理的。

第四，关于安全和健康的开支。从安全和健康对于人的重要性来说，应该认为这方面的开销是值得的。但是，目前国人对于这两个事项存在“过于”的成分，这给一些别有用心的人忽悠赚取黑心钱提供了机会。所以，笔者宁愿在这个问题上持谨慎的态度，提倡理性地处理安全和健康方面的开支。

马云说：“花钱比挣钱难太多。”说明花钱也不是一件容易的事。有人说，赚钱是一门技术，花钱是一门艺术。有的人，花出去的钱总是能赢来一片掌声；而有的人，钱花了，却不落好。

上述情形是出现在为他人花钱的时候。在为他人花钱时，切记不要摆出恩赐、施舍或显摆的姿态。无论你出于什么样的理由为他人花钱，一般你也是有所图的，既然如此，这本质上也是一种交易，你实在没有必要趾高气扬。即使你完全是为了帮助他人而为他花钱，那也是你内心善良的表现，不应该为自己的爱心涂抹上灰尘。

花钱的艺术简单地说就是要讲究大气，而不能只是现实大方。所谓大气，就是一种大的气度。应该花的钱，一定舍得花，而且还把钱花到点子上；不该花的钱，一毛钱也不乱花。而大方，往好的方面说，也只是经济比较充裕时的豪爽。

大气与大方产生的不同评价，与受众的微妙心理感受有关。如果你经常无理由地为他人花钱（比如请他人吃饭），对方会觉得你有钱、大方，很有可能把这当成一种习惯和应该，不会将其视为一种友好的表示。大气则不一样，大气者，总是把钱花在对的地方和对的时候。而且花钱还要花出品位，即使久未见面，约你喝一杯咖啡闲聊，也让你觉得充满人情味。大气者花了钱，往往能获得敬佩和友善。

第九章

有关人的本性的哲学问题

自私是一个中性词

什么是自私

自私的概念有广义和狭义两种含义。广义的自私是指人都是基于个人利益的需要做出行为和反应。通常在出于理解或辩解时所说的“人都是自私的”，就是在这个含义上使用“自私”的概念。狭义的自私则专指为了谋取自己利益而不惜损害他人利益的行为，通常在指责或批评他人自私时就是在这个含义上使用“自私”的概念。

从定义上看，自私的指向有两个方面，广义的自私关注的是人的本性，狭义的自私关注的是人的行为，尤其是行为的后果。

人们通常把自私当做一个贬义词。当你说某人自私的时候，对方一定是不爽的。即使在说出“人都是自私的”这样的语句时，也隐含了所指向的行为是有那么一点不对，只不过希望他人对这一行为予以理解的意思。

人们在使用“自私”一词时更是显示出诸多混乱的现象，尤其是有的旁观者更喜欢站在道德的制高点上指责他人自私，以显示自己的某种道德优越感。

在笔者看来，如下行为就很难说是自私的行为。

当一个执法者遇到亲人找上门来，希望他想办法为他的另一个至爱亲人脱罪，执法者拒绝这一要求时，打招呼的人可能指责他“自私，只想着自己的乌纱帽”。

“想”或者“只想”乌纱帽都是为自己利益考虑的行为，但并不一定就是自私的行为。何况在这个例子中，执法者所做的是维护法律的行为，这完全与自私扯不上关系。

当某人想与另一人交往，遭到家中亲人反对而被置之不理时，也可能被家人指责为“自私”。常见的状况是两个仇家的孩子相恋了，家人会说他们“只顾自己的感情，而不考虑家中亲人的感受”。

这里不谈论以爱化解仇恨本身就是一件好事的问题。人与人之间的交往（包括相爱）本就是两个人之间的事情，他们之间有感情，也有承诺和信赖。如果他们双方都想维护这样的友情，就应该信守承诺、保持信赖。如果说你与张三的交往让某个厉害人物李四不高兴了，李四甚至可能会因此伤害到你的家人，你就妥协，中断和张三的交往。你这不是在维护你的家人。因为，你的低头是一种对邪恶的纵容和鼓励，更加让李四认为自己的行为是有效的，因而会更加习惯性地、经常性地采用这样的方式，结果是，对你、对你的家人，以及对其他所有的人都可能带来更大的伤害。相反，如果你的坚持（通过带动更多的人坚持）能够让李四意识到他的威胁无效，从而放弃类似的威胁，你就是成就了一件功德，也是对家人最好的爱护。

当然，如果李四的威胁已经现实地发生了，比如绑架，此时，你的妥协就是必须的了。你的朋友，如果他真是朋友的话，也不会因此责怪你。

哲学家杨朱的“拔一毛而利天下，不为也”也常常被当做是自私的典型。事实上，你没有任何义务靠牺牲自己的利益来帮助其他人（负有法律义务和道德义务的人除外）。

村里要修一条路，这条路的修建将会给全村人都带来好处，而修路需要拆掉你家的房子，由于经费不够，给你的补偿款远低于房子的实际价值。你完全可以不接受！如果村里人指责你自私，你可以反问他们：为什么你们不愿意凑一点钱来弥补我的损失呢？

亲人成了植物人，他的存在将拖垮整个家庭甚至三亲六戚，你考虑是否放弃挽救。旁人的指责就跟着过来了。

站在岸边指手画脚、评头论足是再容易不过的事了，但只有掉进河里的人，才有最深切的感受。作为旁观者，最好设身处地站在当事人的角度考虑一下再发言；作为当事人，自己尽心尽力也就是了，没有必要在乎他人的胡说八道。其实，病人本身也不希望拖累他的家人。

笔者认为，自私是一个中性词，它只是从人的本性的角度，对人的行为目的指向性做一个客观的表述，即指向个人的利益。既然是对人的本能的客观描述，那就不能抽象地、一般地定性其好坏，就好比你问“人吃饭是好还是坏”一样。自私的好坏，只能根据具体的行为及其效果予以综合的评判。

利己和利他

英国经济学家亚当·斯密构筑其经济理论体系的两大巨著《国富论》和《道德情操论》中，都存在着一个基本的前提：人是一个“经济人”。也就是说，人的理性的考量都是以追求自我利益的最大化为目的。在任何情况下，人都是通过对各种因素进行综合测算、评估，来选择能实现实际利益最大化的行

自私是一个中性词，作为人的一种本能，有着其正当性与合理性

为。当然，这样的选择结果往往只是他自认为的最优结果，由于当事人认知能力的局限、实际操作的过失或其他原因，实际上他并未能够做出最优的选择，甚至他所选择的行为还可能是一种最糟糕的行为，给自己的利益带来最大的伤害，但这并不影响他是以利己为目的的。

一切为己的思想及其相应的行为，并不一定会导致唯利是图、为达目的而不择手段的单面行为，而是受到两个反面的制约。首先是对方的利己思想的牵制，如果你的利己行为已经伤害到他人的利己思想，将不能得到他人的赞同，你的行为目的也就不可能达成；其次是道德法律的约束，道德法律本来就是为了平衡个人之间的利益冲突而构建的一套规范系统，它会对侵害他人利益的行为予以处罚，以保证社会有秩序地运行。

一个最简单的例子就是买卖关系。你肚子饿极了，想要买面包店的那个面包充饥。作为利己的考虑，你当然希望面包卖得越便宜越好，如果无偿送给你，你也不会拒绝。然而，面包店老板也有他自己的利己考虑，他是希望面包能够卖得越贵越好。两个利己主义表面上存在着尖锐的对立，然而，作为理性的经济人，进一步考虑就会意识到，这样的对立其实是完全可以协调统一起来的。你会想到：我要求买得便宜，老板不卖给我，我就得饿肚子。为了不饿肚子，我应当降低自己的要求，为面包支付一个合理的价格。面包店老板也会想到：如果面包卖得太贵，他不买我的面包，我的面包就会坏掉。为了把面包卖掉，他也应当降低自己的要求，给面包定一个合理的价格。

通过这样的理性考虑，合理的面包价格就产生了，交易完成了，你和面包店老板都实现了自己的最大利益：你得到了面包，填饱了肚子，保护了自己身体的健康；面包店老板卖出了面包，获得了利润，为自己增加了财产。

结果还在继续蔓延：你吃饱了肚子，有了力量，就有能力参加其他劳动，从而为社会创造财富；面包店老板有了生意，依法缴纳税款，为保障社会秩序提供了支持，同时雇佣更多的员工，通过解决就业为他人生活提供了保障。

只有能够实现的利益才是现实的真正能带来好处的利益。再大的利益，如果不能变现，都是无意义、无价值的。所以，所谓利益最大化的选择，肯定不是最好而不可行的选择，往往是次好而可行的选择。

事实上，这种思考决策的程序已经内化为人的本能。在实际生活中，人们并不需要为购买一个面包而进行如此复杂的思考，直接按照大家都认可的行为模式做就可以了。

任何复杂问题的思考决策过程，与上述购买面包的思考决策过程完全一样。差别只在于：问题越复杂，需要考虑的因素越多，做出正确选择的难度越大。

亚当·斯密从分工理论、货币理论、工资理论、资本利润理论、地租理论、自由贸易理论以及税收理论七个方面，全面分析了利己的考虑是如何促进社会公共利益发展的。哲学家黑格尔更是将其概括为：人的行为都是主观地为自己，客观地为别人。

从人性的角度分析，利己的思考和行为也能够产生对他人有利的结果。

人自出生起，都是生活在一个社会群体之中，社会习惯的、文化的、道德的一些规范，无不在其心中刻下深深的烙印。从他稍具自我意识开始，也具有一定的关心、关爱他人的习性。他也应当清楚，纯粹的、完全的个人利益是不可能实现的。所以，他在实际处理问题的考虑维度，从来不是“利己”的单一。

随着人的年龄越来越大、受教育程度提高，心智也越来越成熟，诸如公道、正义等带有群体性的价值观在他心中的位阶也会升高。这时，他可能会更多地考虑一些利他方面的问题，但这并不意味着就降低了利己成为他的行为出发点的机会。首先，他的利他的考虑，在本质上也是利己的，因为社会整体都需要利他。常常做利他考虑的人，可能得到较高的社会评价。

其次，人在一些不涉及自身利害关系的事项中，也比较容易做出公正的判断，只是到了利益攸关的时候，才有了那种身在庐山之中的感觉。在世间的一切事务中，与每一个具体的个人相关的事项的数量和出现机会总是比较少的，因此给世人的印象是：大多数人在大多数时候，对于大多数事项的判断都是客观公正的。

法律上有个概念叫做“紧急避险”，意思是，如果因为某种险情使你的人身或财产遭遇危险，你为了避让这种危险而采取的行动，导致了他人的人身或财产的损害，法律将会对你减轻甚至免除处罚。这本质上就是法律对于自私的一种保护。

自私的负面表现

自私如果过度了，会造成一些负面的效果。

负面自私的第一个表现就是损人利己。你和同学同住在学校的集体宿舍里，你的鞋子脏了，但舍不得用自己的毛巾擦拭，而是悄悄地用室友的毛巾擦拭，却被他看见了。你这样的行为就太过分了，招致他的反感实属应得。

第二个表现是不讲公德。小区住宅的过道本是用于大家通行的，你却为图自己方便，将其作为自己堆放杂物的一个所在。你的这一行为也实在不讨人喜欢。

第三个表现是挟公器以谋私利。国家公职人员置国家责任和自己的职业操守于不顾，利用自己手中掌握的权力，想方设法为自己牟取利益，严重的甚至涉嫌犯罪。

当然,自私的负面表现数不胜数,以上只是几种常见的情形。

纵观自私的负面表现，可以看出其共同特点就是过度。他们把自私发挥到极致，完全或很少考虑他人的感受。在生活上只图自己方便，而不管会不会因此造成他人的不便；在工作中是有好处争着干，没好处躲着不干；交朋友只讲索取而不讲付出，只要求朋友对自己付出友情，不考虑自己对朋友的义气；即使一家人相处，还要斤斤计较，总是担心自己会吃亏。

极度自私的人多是以自我为中心的人。他们往往只考虑自己的利益而不在乎别人的利益。在行为上，他们表现为贪婪、私欲膨胀、冷酷，只认同人与人之间的利益关系，否认感情或其他联系的存在；敏感，害怕吃亏，时刻担心他人侵占了他应该得到或想要得到的利益；精于算计，这种算计并非说他考虑事情很周全，而是他的想法很多，总是认为别人在算计他，把自己搞得很累。

虽然说人的欲望是无止境的，但极度自私的形成也有着外在的、客观的根源，那就是对资源匮乏的恐惧。试想，如果一个是于衣食无忧环境下长大的富家公子，一个是在吃了上顿忧下顿的环境下成长起来的穷人子弟，哪一个更可能表现出极度的自私？答案是明显的。所以，自私往往是一种对于个人利益的保护。只是，始料不及的是，如果一个人过分自私，将会严重影响到他与其他人的关系，从而使自己更加缺乏安全感。

如何与极度自私的人相处

极度自私的人，往往是多疑的人。他怀疑社会、怀疑他人，他觉得这个世界上所有的人都想占自己的便宜，因而，他就以“先下手为强”为手段，先占了人家的便宜，实现对自己利益的保护。

由于极度的自私，他们的性格会变得冷酷和扭曲，他们无法融入这个社会，周围没有朋友，身边没有知心的伙伴，心理上时刻避免和他人走得太近。即使你请他与你共进晚餐，都可能遭到他的拒绝。这并非他不想占这餐晚饭的便宜，他的真实考虑是：担心吃了你的馒头，你会让他还花卷。长此以往，他的性格越来越孤僻，也越来越难以继续与人沟通和交往。

尽管如此，与这样的人相处，笔者还是建议你抱有一种宽容的心态。这首先是为了保护你自己，不要受他的负面情绪影响。你要理解，他事实上是处于某种病态。对于这种病态，如果你能以关爱之心帮助他消除，当然是善举。如果你不能或不

如果你试图攫取一切你想得到的东西，甚至为此不择手段，那就是贪婪

愿意这样做，那就离他远一点好了。没有必要对他的行为评头论足，更不要通过指责他的自私来显示你是多么“无私”。要知道，本质上，你也是自私的。也许就在昨天，你还曾经自私地处理过某件事情，即使没有他那么过分，也不过是五十步与一百步的差别。

极度自私的人有以下两种类型。

第一种类型，他们清楚自己的自私行为，但由于有着强大的“理论支持”，他们并不愿意改正或收敛自己的极度自私行为。他们信奉“人不为己，天诛地灭”“宁教我负天下人，休教天下人负我”“利人者是傻子，利己者是聪明人”等所谓的人生信条，如果你对他们稍有指责，他们会有一套冠冕堂皇的话语来反驳你。

第二种类型，他们虽然知道自己的自私不好，也试图改正，然而总是控制不住自己。他们遇到机会就先“自私”了，自私过后，却又往往心生悔意。

对于第一种类型的人，某种意义上他已经无可救药，极端个人主义已经内化为他的本能。你一定要远离这种人，千万不要被这种人所显示的某种“个性魅力”迷惑，也不要奢望能够跟着这种人捞到什么好处。这种想法无异于与虎谋皮。

对于第二种类型的人，你则应该尽可能地帮助他，尤其当他是你的亲友时。这种人其实非常脆弱，他也渴望善意、渴望友情。你千万不要瞧不起他，要和他交朋友，可以尝试着与他一起做义工，让他体验到帮助别人的快乐。你也可以给他讲道理，告诉他极度自私的最终结果更可能是害人害己。

如果你有这方面的能力，可以帮助他分析他的极度自私行为产生的根源。你可以告诉他，解决这样的问题其实还有比极度自私更好的办法，帮助他走出心理阴影。

改掉自己极度自私的毛病

你要清楚，没有人喜欢和一个极度自私的人交往，包括你自己。了解极度自私的严重危害性，能够帮助你下定决心改掉这样一个毛病。

记住以下两句看似矛盾，实际上很具有启迪价值的话，对你是有帮助的。

第一句话是："我和别人是一样的。"

这就意味着，你自私，其他人也是自私的，所以，你没有必要因此背负太多的心理负担，自己看不起自己。你清楚，你不喜欢极度自私，别人也一样不喜欢，所以你必须改掉这个毛病。你要相信，别人能够和他人正常相处，能够有友情、有亲情，你也一定能够得到这些你希望得到的东西。

第二句话是："我一定有和别人不一样的地方。"

这就意味着，你的自私与他人的自私有很大的不同，所以你才会面临诸多困窘的状况。然而，尽管人人都认为自私的习性很难改掉，你却一定要相信自己能够改掉。原因无他，只是因为你就是你！

要改掉自私的习惯，首先要具备同理心。你不要自作聪明，认为自己所想、所欲、所为别人不知道，所以能够闷头占尽小便宜。其实，别人把一切都看在眼里，别人之所以不说，是因为鄙视你，懒得和你计较。你想一想，如果你的财物被他人非法侵占了，哪怕只是一点刷牙的牙膏，你会怎么想？别人在遇到这样的情况时，他的想法和你的想法其实是完全一样的。

你害怕吃亏，总是想着占便宜。其实，有一句老话说得好："吃亏是福！"一个得失心太重的人，自己给自己背上一个沉重的包袱，让自己丧失了判断力。在许多时候，谦让会换来海阔天空，也让自己有一个更轻松的心境，从而有机会获取更多、更大的成就。

作为一种技术手段，学会放弃，对于改掉极度自私的恶习是有益的。你要清楚，你不可能拥有世界上所有美好的东西，你能够拥有的只能是真正属于你的东西。

什么是真正属于你的东西？很简单，通过合法途径得到的东西，就是真正属于你的。只要把握住这个原则，以一切合法的手段获取自己的利益，别人就不会指责你自私。

但也不推荐一味地谦让、忍让。因为，自私毕竟是人的本性，没有人会主动把利益送到你手中（除非别有用心），自己的利益必须自己争取，关键在于争取的方式必须是合法的。

责任赋予你一生的荣耀

什么是责任

责任，即职责和任务，指的是你有职责去做好你任务范围内的事。责任，本质上是一种相互关系中的义务。作为群居的、社会的人，你必然和他人发生这样那样的关系。责任就是其中一种强制性的义务关系。如果你是一个完全独居的人，则不具有任何责任。但这样的人是不存在的。作为一个生活在社会中的人，自你来到这个社会的那一刻起，这个社会就对你提出了一些强制性的要求，其目的在于维护这个社会的有序运行。只不过，当你年龄尚小的时候，鉴于你没有或不完全具有责任能力和法律上的行为能力，社会对你不作相应的强制性要求（有时候是把这种要求转交给你的监护人，如父母）。所以，责任是一种与生俱来的、对于社会和他人所承担的、强制性的义务。

责任是一个社会有序运行必不可少的条件。如果没有全体社会成员的责任感，社会将陷于一种无序运行的混乱状态，人类的物质文明和精神文明都不可能得到今天这样的发展。

责任是一种义务，是你对于他人的付出。但是，在实际使用上，责任和义务又有细微的差别。如维护国家的利益是公民的一项义务，但对于军人而言，保护国家的安全就是他们的责任。仔细分析两种说法，可以发现，责任带有严格的强制性，指的是你“必须”做出什么。而义务虽然也具有强制性，但强制色彩没有那么重，可以依靠习惯、道德和教育等软性的方式督促你履行，指的是你“应该”做什么。一般说来，凡是与职务有关的必然事项，多采用“责任”来表达；凡是与职务无关的必然事项，则多采用“义务”来表达。

责任是一个非常复杂的系统。

第一，责任的主体非常复杂，不仅个人有责任，国家、政府、企业、家庭或其他任何组织也有其相应的责任。它们和人一样，一旦来到这个世上，责任就始终伴随着它们。不过，限于主题，本书将只讨论个人责任的问题。

第二，能够对你提出责任要求的人也非常复杂。你的国家、家庭、工作单位；你的家人、朋友，乃至其他任何一个人，都可能有权利对你提出责任要求。比如，你和素不相识的张三签订了一个协议，那么，你和张三之间就建立了一种责任关系，你和张三都有权按照协议的内容要求对方履行或承担责任。

第三，责任的内容非常复杂，如法律责任、道义责任、职业责任、家庭责任等，不一而足，甚至，在电脑网络之类虚拟空间的行为也可能产生责任。尽管人们习惯于把网络空间称之为虚拟空间（与现实空间相对而言），但网络本身是真实的，人在网络上实施的行为更是真实的，因而也是要承担责任的。

第四，责任的表现形式非常复杂。信守诺言、忠于感情、互谅互让、遵守纪律是责任，提供劳作、支付金钱也是责任，必要时你需要牺牲生命，其缘由也可能只是为了尽责任。

责任既然是他人对你的要求，其中显然隐含了一种含义：其要求的内容一定是利他的。也就是说，他要求你做的事情一定是能够为他带来利益的事情。你愿意接受他的要求去做利他的事情，他当然会给予你积极的评价。

所以，责任，也是社会对一个人最基本的评价指标。说你是一个负责任的人或是一个有责任感的人，那是对你相当高的肯定。获得此评语，就是在情场竞争中，你也一定能够获得更多姑娘的青睐。反之，如果你被认为是一个不负责任的人或是一个没有责任感的人，那就相当于说你是一个糟糕透顶的人，没有姑娘有勇气嫁给这样一个人。

他人对你的责任要求在很多情况下并非采用直接命令，而是依赖于你主观的自觉：你内心非常清楚，在这种情况下你应该做点什么，因为这是你的责任。比如，一个警察即使在陪老婆逛商场时，遇到打架斗殴的情形，他也必须出来干预，因为这是他的职业责任，否则，他就不配做一个警察。

“做”，不能完全按照字面意思来理解。在某种情况下，不做什么也会成为你的责任。比如，你作为公安部门的一个领导，当警察在查处你儿子的违法犯罪行为时，你什么也不要做，这是最适宜也最负责任的方法。也就是说，在这种情况下，作为警察，你不应有任何包庇、纵容、干扰的行为。笔者也不赞同你大义灭亲，积极参与对你儿子的查处，因为这有违一个父亲的责任。当然，如果你事先已经知道你儿子的行为，劝说他去自首，争取得到宽大处理，则是兼顾了职业的责任和父亲的责任。

什么是责任感

从定义上看，责任是他人对于你的行为方面的要求，即你有义务从事某种行为。但实际上，人们对于责任的要求并不局限于外在行为，也在于导致你做出或不做出某种行为的内心想法。所以，人们常常也使用责任感或责任心一词，指的就是你具有主动履行自己各种责任的意识。

网络作家冯伟雄将责任的履行细分为十个步骤，即审责—切责—归责—尽责—责难—受责—惩责—悔责—免责—偿责。实际上，在大多数情况下，人们履行责任并没有经过这样一些复杂的步骤，往往是“立即”“马上”或“稍一思考”就做了，原因就在于责任感的作用。

责任感与责任有联系，也有区别。责任是一种外在的、强制性的要求，责任感则是自己内心的一种意识。责任的强制性一般说来是一种非暴力的强制（也有非一般的情形，如法律责任的强制履行就是以国家暴力为依托的），其强制的效力主要通过植入和唤醒你的责任感，使你不得不如此为之，否则，社会将给你以相应的处罚，如单位的经济处罚、你的社会评价将显著降低等。同时，也会让你自己的内心存有愧疚感或负罪感。

所以，责任感就成为一种内驱力，促使你主动地、积极地、更好地履行自己的责任。

美国心理学博士艾尔森曾对世界上 100 位各个领域中的杰出人士做了问卷调查，其中 61 位杰出人士称，他们所从事的职业并不是他们最喜欢的，至少不是最理想的。然而，他们依然把那份职业当作一种责任担在肩头，尽心尽力地做好工作。

这就是中国人所说的“在其位，谋其政，尽其责，成其事”，从而取得令人瞩目的成就。

艾尔森的研究结果表明，责任感能令人产生巨大的动力，甚至可能让你创造奇迹。

“八百壮士”的事迹生动地诠释了这一观点。

1937 年 8 月 13 日，日军大举进攻上海。10 月 26 日晚，守卫大场防线的中国军队第 88 师第 524 团 400 余人（报界宣传称“八百壮士”），在副团长谢晋元指挥下，奉命据守苏州河北岸的四行仓库。在日军的重重包围下，守卫四行仓库的“八百壮士”孤军奋战 4 昼夜。战至 30 日，接到撤退命令后，他们冲出重围，退入英租界，仍困守孤军营。

支撑“八百壮士”的是什么？就是军人保家卫国的职业责任感。

可以说，责任感是力量、勇气和智慧的源泉。只要你有责任感，遇到相关事务，你会自然地激发出力量、勇气和智慧去处理好相关事务，即使遇到阻力或困难，你也会自己想方设法去克服。相反，一个没有责任感的人，遇到事情的第一个选择是逃避。即使某种原因使其无法逃避，他也只是本着“做了”的态度去做事，而完全不会考虑如何把事情做好、做得更好。

责任感之所以能产生这样的效果，是因为给你的评价，是

有责任心的人，会把职业当作一种责任担在肩头，尽心尽力地做好工作

由他人、组织、社会和国家做出的。这种正面的、积极的肯定，传达给你一种神圣感和崇高感，使你有一种“士为知己者死”的情怀。

责任感同时还具有一种约束效应，阻止你去做不负责任的事情，也就是不能做伤害他人利益的事情。作为一个公民，遵守宪法和法律就是你的责任；作为一个员工，努力工作，为企业创造价值就是你的责任；作为一个商人，遵守合同、讲究诚信就是你的责任；作为一个丈夫，对爱情忠诚就是你的责任。

如何做一个有责任感的人

一个人的责任感不是与生俱来的，而是伴随其价值观的养成而逐渐形成的，环境、文化、教育等因素都对其有很大影响。其中，环境和文化等影响是潜移默化的。你置身于一定的环境和文化氛围之中，你的价值观和责任感就必然带上这种环境和文化的烙印。但教育却带有很强的目的性，它会致力于将人培养、训练成为具有其教育思想所认同的价值观的人，比如社会主义教育就会着力于培养具有社会主义核心价值观的人。

一种良好的意识感更多体现为良好的责任潜意识。即并非遇到任何事情都需要他人对你发出责任命令，也不需要你仔细分析这是不是你的责任，而是你自觉采取行为。当事情出现时，你的本能就会出现一种条件反射：“哦，这是我的事情，我去做好了。”

作为一个心智成熟的成年人，应该意识到，你生活于这个社会，实在负有太多的责任。表面上看，这是你单方面的付出，会让你觉得沉重。其实不然，你同样也是获益者，因为，同样有太多的人对你负有责任。因而，责任是相互的。只有你勇于承担起自己的责任，他人才可能同样地对你承担起责任。梁启超说得好：“人生须知负责任的苦处，才能知道尽责任的乐趣。”如此，整个社会处于一个责任社会的氛围，每一个人都自觉地把自己责任范围内的事情做好，每一个人将会以一种轻松自由的状态生活。

责任，意味着价值。他人和社会对你提出责任要求，至少说明你对于他人和社会还是一个有用的人。假设这个世界上真的存在一个没有任何责任的人，那只能说明，他是一个活得毫无价值的人，这是一件多么可悲的事情。

责任虽然是做分内之事，但这个分内的边界却是很模糊的，需要每一个人根据相关的规定，如法律、纪律、合同等，做出自己的理解，在更多的时候不存在这样的文本规定可资参考，此时就全赖责任人的内心了。一般说来，责任感越强的人，越容易加重自己的责任；责任感不那么强的人，则可能按照普通的理解或缩小化的解释以减轻自己的责任。

责任感是一个人人生观和价值观的体现，你对人生的态度和对事项的评价，将直接影响你的责任感。什么样的人生观和价值观有助于养成一个人的责任感，这是一个复杂且容易引起争议的话题。笔者只能简单表述为，一个积极的、有担当的人生观，一个大家都认同的价值观，对于责任感的形成是有益的。

一个人的责任感与他的自尊心有密切的相关性。只有尊重自己的人，才懂得尊重他人，也才会把他人的要求当一回事。需要注意的是，一个人有责任感，意味着他清楚自己的职责和任务，并自觉付诸行动。责任感驱使你履行责任，但履行的效果如何，还得依赖于你的责任能力。这里的责任能力并非法律意义上的，而只是字面含义上的，即履行责任的能力。比如，你的父母当年未能考上大学，所以特别希望你能圆他们的大学梦，当然，这对你未来的发展也是有益的。你自己也认为他们的想法是正确的。然而，你的学习成绩实在太差，考上大学基本无望。结果，虽然你一直努力履行你父母赋予你考上大学的责任，但最终还是因为实力不够而无法达成目标。

因为，他人对你的责任要求包含两层含义：其一，价值观要求，你做的事情必须符合要求提出者的价值观，即实现对方需要的利益。其二，最大价值率要求，你不仅要做，而且要做好，使要求提出者的利益实现最大化。

显然，后一要求对你的能力是一个考验。不断提升自己的责任能力，以更好地履行自己的责任，也是人生中必须认真对待的事情。

责任感也应该注意从小培养。比如，适当让孩子独立做一些力所能及的事情，可以对做事的结果不太看重，重要的是让孩子养成做事情有始有终的习惯。当然，事情的难度可以有一个循序渐进的过程。要鼓励孩子勇于承担责任，特别是做错了事情，就应该承认和承担。做错事情并不丢人，一个人一生中做错的事情实在是太多了，就算是大人也经常做错事情。只要真诚改过、吸取教训，错误反而有助于我们成长。相反，如果采用掩盖错误的方式来逃避责任，错误就得不到纠正，你也没有进步，这会使得你以后继续犯错误，并发展到犯更大的错误。

对孩子责任感的培养也是身教重于言教。孩子在成长过程中，总是不断地观察、模仿、思考和评判父母的言行举止，所以，你想你的孩子成为一个有责任感的人，那么，你先以身作则吧。

人会随着时间的流逝而长大，在这个过程中，会逐渐有不同的责任压在人的肩上，人也同时在接受着责任感的熏陶，从而担负起相应的责任。只有当你清醒地意识到你的责任并主动担当时，你才算真正长大了。

在现代社会，公民责任是一项非常重要的责任。所谓公民责任，就是你作为一个国家的公民，对这个国家和社会应当承担的责任。根据责任的概念，公民的责任当然是从事对国家和社会都有益的事情，所以，当你遇到危害国家和社会的行为时，尤其当为恶者是一种非常强大、非常邪恶的势力时，如果你有勇气，就应该站出来抗争，对此，笔者向你表示敬佩；如果你没有勇气抗争，选择保持沉默，笔者也表示理解；即使你觉得沉默都有危险，选择蜷伏在一个犄角旮旯躲避，笔者依然对你抱有深深的同情；即使你为了某种现实的利益（减少危险也是一种利益）而不得不做一些违心的事、说一些违心的话，笔者在悲哀之余，依然会选择宽恕的态度。只是笔者希望，无论如何，你不要嘲讽那些比你勇敢的人，更不要助纣为虐，对这些勇敢者加以打压甚至毁灭。

公民责任是一种民主意识，其中最直接的表现是权利意识，你必须勇敢地、坚定地、理直气壮地维护自己的权利，这是权利意识的第一个含义。你应当清楚，你的权利是与生俱来的，不是任何人赐予的。你也千万不要奢望他人会将侵害你的权利主动归还给你，自己的权利一定要自己去争取。权利意识的第二个含义是：你必须尊重他人对自己权利的维护，如果可能，

适当让孩子独立做一些力所能及的事情

请予以口头和行动上的支援。因为，如果你对侵犯他人权利的行为听之任之，那么早晚，受到侵权的人当中一定有你。

责任，是你自我发展的机遇，也是你自我发展的动力，更是你一切荣誉的依托。无论他人对你做出什么样的肯定，其内在含义一定是对你的责任感的肯定。如果你因某种行为获得了较高的荣誉，那也一定是你较为突出地履行了你的责任。

最重要的是对你自己负责

责任虽然是他人对你的要求，但这并不意味着你只是对他人才负有责任；相反，人们更加强调的是你对你自己所负有的责任。所以责任在要求你做出对他人有益的事情的同时，也不排斥你做出对自己也有益的事情。这个道理很简单，人们相信，如果一个人对他自己都不负责任，要求他对他人负责是不可能的。即使你自己宣称是这样，也得不到别人的信服。

对自己负责，意味着你对自己的生命、健康、感情、理想负责。你只有对自己这些事项都负责，才能让关心你的人心安，也才能让与你有关的人对你产生信赖，并愿意与你进一步打交道。所以，对自己负责并不影响责任是属于相互关系的性质。

从本质上讲，责任感首先强调的是对自己的责任，同时也强调对于社会和他人的责任。所以，责任感是肯定利己思维的，但也要求利他人、利组织、利社会、利国家。但是我们知道，这诸多的“利”是有可能发生冲突的。此时，责任感不会抽象地规定你的个人利益优先或他人、组织、社会或国家的利益优先。在民法的意义上，个人、组织和国家都是平等的民事主体，都有平等追求利益的权利。解决冲突的最有效办法是由相关当事方通过沟通协商来予以解决。

在有些情况下，国家和社会的利益确实高于个人利益，比如在发生疫情或战争时，作为医护人员或军人，则不得以个人健康或生命受到威胁为由拒绝履行其职业责任。

20 世纪初，一位美国意大利移民弗兰克开办了一家小银行。一次，劫匪将他的银行洗劫一空。他破产了，他的储户也失去了存款。弗兰克决定拖着妻子和四个儿女从头开始努力，以偿还储户的存款。此后，他每有收益，即向储户寄送。人们都劝他说：“你为什么要这样做呢？这件事你是没有责任的。”弗兰克的回答是：“是的，在法律上也许我没有责任，但在道义上，我有责任，我应该还钱。”

经过长达 39 年的努力，弗兰克终于还清了这笔堪称天价的存款。当他给最后一位客户寄出存款后，他轻松地说：“现在我终于无债一身轻了。”

这个故事包含了丰富的有关责任的内容。笔者在此仅提及一点：有些时候，对他人负责和对自己负责是很难说清楚的。表面上看，可以说弗兰克是为了对客户负责，但从另一个意义上说，他其实也是在对自己负责。因为，如果不偿还他认为应该偿还的，那么，他的一生将是愧疚的一生，他会因此而看不起自己。如此，他的生活就没有快乐可言了。

理解死亡，才能理解生命

死亡，在生物学上指的是生命的终止；在哲学上，除了终止的含义，还增加了一层不可逆转的、丧失的含义，其目的就在于强化死亡的终极性。一个生命一旦死亡，那就意味着绝对不复存在。在日常生活中，人们有时候将“死亡”一词的使用扩充到生命之外的物体或事件，如国家、企业、某种思想观点，都可能被说成“死亡”。

从纯技术的角度看。目前对于“什么叫做死亡”还存在争议，如医学上就有脑死亡、心跳停止、呼吸停止等不同的观点。

本书所讨论的死亡，除了特别说明，都是指人生命的死亡。

死亡对人的影响

这个标题有歧义。从字面上说，死亡对人的影响就是使得这个人彻底消失。但本文显然不是讨论这个问题。本标题的含义是：死亡这一现象的存在，对于活着的人的思维方式、行为方式等各个方面有什么样的影响。

在笔者看来，至少到目前为止，死亡给人带来的最大问题是两个：一个是困惑，人死后到底去了哪里；另一个是人生的意义，既然人生不过数十年光阴，那人的一生到底有什么样的意义。

这里先讨论第一个问题。我们都清楚，人不是只有一个物理的肉身，至少还有两个精神层面的东西：其一是思想，其二是情感。人死亡之后，即使肉身算是彻底消失了，但其精神和情感却未必会同样消失。比如牛顿死了，但牛顿提出的力学定律却仍然在为人类服务。你的母亲去世了，但你时不时会在梦中见到她，她会关心你天凉了是否加穿了衣服，有时或许还会向你要点零花钱，这一切和她活着时没有两样。如此，思想和情感难道没有随肉身一起消失？他们是不是换了一种方式依然存在于这个世界或另一个世界,有时还会和活着的人进行交流？

人们发明了“灵魂”这个词，专门用来指人死后的状态，或者说，人死之后思想和情感的居所。

DNA 双螺旋结构的发现者之一、诺贝尔生理/医学奖得主弗朗西斯·哈利·康普顿·克里克通过对脑科学的研究，认为灵魂不存在于宗教，不存在于哲学，也不存在于心理学，它就生存于神经细胞中。灵魂不会独立于身体存在，没有生命就没有灵魂。克里克在 1994 年出版的《惊人的假说——灵魂的科学探索》一书中说：“你的快乐和你的痛苦，你的记忆和你的雄心，你的个人身份和自由愿意的感受，不过是一大群神经细胞及其相关分子的群体行为。”

至少在目前，克里克的观点还没有得到哪怕相对多数的认同和接受。实际上，人们主要还是从宗教、心理认识等非物质的方面谈论和使用灵魂这个词汇。扩而言之，在死亡问题上，宗教至今还占据着比科学更重要的位置。

各种宗教之所以得以出现并拥有信众，固然与人类面临太多的未解之谜，不得不求助于信仰而非科学来获得解释有关，但宗教也很好地利用了人对于死亡的恐惧心理。宗教对于死亡的解释始终是信众最信奉的内容之一。科学认为，人的心跳停止或脑死亡就意味着人已经死亡，这个人就不复存在了，但人们无论是从知性还是情感上都难以接受这样的解释。他们难以相信，一个活生生的人，死了以后就真的彻底没有了。他们渴望了解人死亡以后的情况。对此，科学无法满足人们的需求，宗教便很恰当地填补了这个空缺。道教主张的是修炼今生，从长生不老到羽化升仙。佛教和基督教则着眼于来世，种种关于天堂和地狱的说法给人描绘了一个完整的死后世界。

在灵魂问题上，基督教认为灵魂是上帝所创造的，上帝为每一个新身体创造一个灵魂。灵魂虽然也会和肉体一样死亡，但也同肉体一样复活进入天堂或地狱，不是不灭的，可透过复活，最终和同样复活了的肉体一起进入天堂或地狱。

佛教由于秉持缘起缘灭的理论，因而不讨论有关灵魂的问题，其主张的轮回转生理论引发了中国文化中关于“神灭或神不灭”的争论。南北朝时期著名唯物主义思想家范缜在《神灭论》中主张形神一体，形为神之质，神为形之用；形若灭亡，神亦随之灭亡。但这一说法依然是一个存在争议的话题。

笔者也受过一定系统的科学教育，但在笔者的观念中，灵魂几乎与意识同义，只存在于活人的大脑中。随着人的死亡，这个人的意识或灵魂也同时死亡。其思想的流传并非通过灵魂传播，而是通过其他的物质载体（如书籍）传播的。如果没有书籍等物质载体（口耳相传仍然是依托人的肉身这一物质载体），人的思想同样会随着人的死亡而消失。至于梦境，这是活人的经历而非死人的经历，是活人情感的一种表现形式。

但是不可否认，灵魂问题终究不是一个科学实证问题，而是一个意识信仰问题。人类不可能彻底解释有关自身的所有问题，所以一定会给宗教保留一席之地。或许，有关死亡或灵魂的问题，就属于宗教的一个堡垒性问题。

现在讨论第二个问题：是否因为死亡，使得人生有意义或没有意义。

一些人常常以此认为人生无意义："不管你在世时如何，最后的结果都是（火化炉的）一缕炊烟。" 这类人的论证似乎也算有力。比如，他们认为，中国人的传宗接代就毫无意义。传宗接代本质上就是基因的延续，也可理解为生命的延续。你有了儿子，说明你的生命至少可以再延长三十年；你要是有孙子，你的生命又可以延长三十年。如此生生不息，你的生命也就可以永远延续下去了。但无意义者认为，这不过是你自说自话、自我安慰、一厢情愿而已，从血缘上来说，这是不可靠的。数学计算表明，每下传一代，你的基因成分就会减少一半。

即使从感情上看，传宗接代依然靠不住。你的后人会怎么对待你，你不清楚。但是，你怎么对待你的先人，你应该是清楚的。对父母，你无疑是有感情的。对于祖父，你可能只知道一个名字。再往上推，你的曾祖、高祖，你可能连名字都不知道。将心比心，往下推的情况也应该大致如此。也就是说，三四代之后，你的后人连你的名字都不知道，你还相信他们对你有感情吗？

这种论证貌似严谨。实际上，论者不明白，对动物而言，基因的延续是一个纯粹生物学的问题。然而，人绝不仅仅是一个生物学的集合体，他有着诸如人性等生物学上根本不存在的东西。比如，中国人的传宗接代主要不是一个生物学上的基因延续问题，而是一个文化上的家族传承问题，否则就不能解释，为什么中国人一般不认同女儿也能够传宗接代。有时候，在女儿与过继的儿子之间，这个过继的儿子往往更被认为具有法统的正当性。这时基因的重要性已经不复存在。即使对于“上门女婿”，也以生育的儿子以女方姓氏为姓为前提。这时，文化上的“姓氏”也比基因更起作用。

所以，孔子嫡系子孙的正当性在文化上是无可置疑的。

至于感情问题，我们要清楚，对感情的渴求是人的一项基本需求。在很多情况下，他人是否真的对你有某种感情不重要，重要的是，你认为他对你有这样的感情，因为这个感情对你很重要，或许就成为维系你生命的精神支柱。

而且，国人传宗接代意识所追求的并非对个人的感情，而是对一个家族或家系的认同：“只要我能够使我们家延续下去，我就有颜面去见我的老祖宗们了！”

其实，上述论证也反映出一个问题：对于大多数人而言，确实是三代以后，音名全消。但对于极少部分人而言，几百年几千年以后，人们也是津津乐道、耳熟能详的。这本身就说明了生命的意义。

现代诗人臧克家有句诗：“有的人活着，他已经死了；有的人死了，他还活着。”这里包含着一种哲学洞见：从意义的角度看，一个人肉身的存活是次要的，重要的还是在于你给他人带来了什么。

比如，如果你做了伤天害理的事情，连你的父母、妻子、儿女都引以为耻，不愿意与你交往，甚至不愿意提及你的名字。如此，你即使还活着，那也被认为是“苟活”，与死了无异。然而，如果你做了对社会、对公众有益的事情，即使你死了，你的亲友、邻居都以你为傲，就算你死了，却仍然活着。三百年后，你的后人都还悬挂着你的画像，祭祀你。

我们清楚，所谓人死后的灰飞烟灭，只是指人的肉身。你的思想，或者说，你的影响力，一般情况下都不会同时消失。在相当一个时间内，你的亲友、同事都可能谈起你，谈论你做过的事情、谈论你说过的话。当然，这种影响力能够延续多久，由你做的事情或说的话在活着的人心目中的价值定位决定。

追求永恒也是人的天性，如追求永恒的真理，追求永恒的知识，追求永恒的爱情、友情等。追求永恒的生命，也就成为一种自然。当意识到追求永恒的肉身已经不可能的时候，追求影响力的永恒，把影响力作为生命的一种延续，就成为一个很好的替代。在这种对永恒的追求过程中，人们能发现许多人生的道理，享受到人生的乐趣。所以，是否能够真正获得字面意义上的绝对的永恒反而显得不那么重要了。只要能够延续尽可能长的时间，人的心理就获得了满足。

正是因为存在的死亡即永远丧失，使得人的生命具有暂时性。恰恰是这种暂时性，赋予了生命珍贵的意义。人们之所以喜欢在春日外出赏花，是因为那些美艳的鲜花盛开的时日是短暂的，所以才能够得到世人的重视。如果鲜花是永生永世一如既往地盛开，人们也不会把鲜花盛开当成一种美景。

我们已经论证了，延续的长短和意义密切相关。你如果想要自己能够延续得更长远，唯一的做法就是要做出更加有意义、有重大意义的事情来。

人对于死亡的态度

一般说来，人对于死亡首先是感到恐惧。活着的人对死亡大都存在着很强烈的恐惧心理。当小孩子还不真正懂得什么是死亡时，就知道对死人的恐惧。各个民族都有着对于死亡的多般禁忌，这种恐惧还蔓延到与死亡有关的，或者可能令人联想到死亡的物件，如坟墓、花圈、招魂幡、骨灰盒，甚至数字等。

在正常情况下，人们都不愿意接触甚至看见这些物件。

对死亡的恐惧，导致人们对“死”这个字产生了种种忌讳。汉语花了很多的心思来回避这个字。如关于有身份的人的死亡有崩、驾崩、归西、殡天、薨、卒等表述。老百姓更是用过去了、过了、去了、走了、返乡、回去、离开、长眠、先走一步等代称死亡。

人对于死亡的第二个态度是悲伤。自己的亲友过世固然会悲伤。即使和自己没有关系的人去世，人也会产生一定的惋惜和悲悯情绪。

人对于死亡的第三个态度是神圣。在绝大多数民族中，死亡都有着最具有民族特色的仪式和规范。葬礼和祭礼是各个民族中最神圣的礼仪之一。

人对于死亡的第四个态度是公平。他们认为，无论你生前多么不可一世，但最后还是一样，逃不脱死亡的结局。

这四种态度中，所谓“公平”的说法其实有点自欺欺人的味道。抱持这种看法的人多半是失意者。他们自认为在现实社会中遭遇了太多的不公平待遇，却一直没有扳回的机会，于是以最后归宿——死亡的公平来使自己获得某种安慰。

如果我们仔细想一想，虽然在“人都要死”这一点上确实是公平的，但不同的人死亡时的场景、死亡的方式和死亡后的待遇，还是有很大差别的。即使以公平著称的黑脸包公，其行刑工具也有龙头铡、虎头铡和鬼头铡的等级差别。

人生的丰富多彩使人兴奋和留恋，人生选择的多样性也给人以挑战和刺激。然而，死亡使这一切可能性都归于终结，使得你这个人丧失了任何可能性。于是你恐惧，于是你的亲人为你感到悲伤。

即使不考虑宗教的因素，人们在处理丧事时都有一种神圣感。这种神圣感体现在，首先有一套严格的仪式规程，其次还有诸多禁忌。中国民间同时有“死者为大”和“生者为大”这样的说法，其区别在于，在涉及有关礼仪方面的事项上，往往更多地考虑对于死者的尊重。但如果涉及现实的利益，则应以生者（即死者的后人）的利益为主要考虑方面。

死亡之所以能得到这样的神圣地位，第一，它是一个人最后的经历，对一个人一生的总结或者盖棺论定，需要在这个时侯做出。第二，亲人的悲伤、朋友的怀念，都需要有一个表达的场合和方式。第三，对于生者的安慰。最重要的还在于，死亡是一个人自出生以来所经历的最大的一件事，因而对它不可懈怠。这体现的是对生命的尊重。

活着的人对死亡大都存在着很强烈的恐惧心理，不愿意接触甚至看见与死亡相关的物件

我们应该怎样对待死亡

国际精神医学大师欧文·亚隆有一句名言："虽然肉体上的死亡可以摧毁我们，但是对于死亡的观念可能会拯救我们。"

列夫·托尔斯泰小说《伊凡·伊里奇之死》的主人公伊凡·伊里奇是一个法官。他一直过着平庸的、按部就班的生活：吃沙皇的饭，给沙皇当差。然而，他身患重病，面临死亡。小说淋漓尽致地描述了他在肉体病痛和精神困惑双重折磨下的挣扎和反思。在生命的最后一刻，他感觉自己的死实在是窝囊。然而，他马上意识到，之所以他的死如此窝囊，乃是因为他的生更为窝囊。

这个故事说明了，你的生，决定了你的死。

关于生的意义，本书前面已做出诸多讨论。这里专门讨论对待死亡的问题。如何对待死亡的话题，一点也不比如何对待生容易，虽然死亡只是一瞬间，而生则是几十年，但是，如果你把几十年的生看成是死亡的前奏，死亡则是前奏的压轴，那么，你肯定不愿意几十年的辛勤付出，却换来一个平常的谢幕。这话说起来容易，要做到，真的需要一连串清醒的、理性的认识。

既然我们知道死亡是不可避免的，那么，对它的任何恐惧都变得毫无意义。"该来的，总是会来的。"为注定无法改变的事情忧虑是徒劳的。对于死亡，人只能接受。问题在于，你是完全悲观地、恐惧地听天由命，还是乐观地、坦然地面对？笔者认为，我们所需要重视的，首先是生，要生得有意义、有价值，而死，则成为自己有意义和有价值的人生的一种新的展现方式。

死亡的方式也是一个应该慎重对待的问题。所谓死亡方式，是指人要死得有尊严。什么是有尊严的死？一般而言，自然的死就是有尊严的死。当一个人因患病或其他原因而注定无法挽回的时候，让他自然地、体面地死亡，就是对他最大的尊重。

根据快乐目的论，人生的目的在于追求当下的快乐。因而，人生的品质不在于你活了多长久，而在于你是否享受到了生活的快乐。换句话说，无法享受快乐地活着是毫无意义的。

巴金先生有一句感慨："长寿是对我的折磨。"在他生命的最后六年，他都是依赖器械维持着所谓的"生命"。他的鼻子里插着胃管，每天分六次，将食物通过胃管打进他的胃里。胃管至少两个月就要更换，每次换管子，他都被呛得满脸通红。长期插管，嘴合不拢，巴金的下巴脱臼了，只好把气管切开，用呼吸机维持呼吸。

这样活着，难怪被巴金先生认为是一种折磨。

"不得好死"，是老百姓一句很恶毒的诅咒。可见，人对于死亡的方式一直都是非常重视的。“善终”被认为是一件喜事，叫做“白喜事”。尼采说：“不尊重死亡的人，不懂得敬畏生命。”所以，对待死亡，是我们必须认真做好的一生中最后一件事情。

后 记

| 徐 兵

这是一篇命题作文，出题者，中山市社会科学界联合会主席胡波也。当胡波主席开出这个题目后，作为混迹新闻界近20年的码字人，我是心有戚戚的。

出于专业、经历和个性方面的原因，笔者自认为颇善思考且极有见地，生活中的多种问题自然包括在内。原本认为这是一件驾轻就熟、手到擒来的事情，在实际写作中，却也倍感吃力。

感到吃力的主要原因在于，今天的中国正处于一个大转型、大变革的时期，出现的新型社会现象令人目不暇接，相关的理论解说又严重滞后。集我们两位作者超越一个世纪的人生经验和学问修为，对其中有些事情也没有看明白、想清楚，再加上一些主观或客观因素的羁绊，导致书中对一些生活中重要的哲学问题没有涉及，或有所涉猎但论述不充分，还希望读者予以谅解。

毕竟，生活是一个人一生中唯一的主题。生，容易，活，也容易，但生活，确实不容易。笔者自忖也没有能力在这样一本小册子中“教导”你如何生活，然而，人的生活都包含着许多共同的东西，诸如吃喝拉撒睡、爱恨情仇怨等，都是每一个人都会遭遇的生活问题。所以，笔者只是希望，把自己的人生经验和人生体味与读者分享，以为读者，尤其是年轻的读者，在面对相关事项时，提供多一个思考、选择的维度。

写到这里，笔者想起哲学家维特根斯坦的一句名言，即“能不能把思维说清楚是一个道德问题”。照笔者的理解，维特根斯坦是说，我既然有勇气来写这本有关生活与哲学关系的书，就应该把生活中的哲学问题说清楚，否则就是祸害读者。这就是一个道德问题了。然而，笔者真没有胆量说自己哪怕是把本书所涉猎的一些问题都说清楚。顿时，一种负罪感油然而生，不得不又花费两个月时间，回过头去把整个书稿进行仔细梳理。

笔者肯定无祸害读者之意。尽管如此，我依然不敢断言自己不能“说清楚”，但我还是有勇气套用卢梭的一句话来表明自己的态度：“我可能把自己认为是说清楚了的东西写出来了，但绝没有把明知是说不清楚的东西写出来滥竽充数。”

然而，对于书中免不了的疏漏之处，笔者恳请读者海涵，若读者能不吝赐教，更是感激万分！

2019 年 5 月写于中山市

社科普及丛书（第一辑）

《香山婚俗》

作者：刘居上　著
定价：25.00 元
简介：讲述中山传统婚俗内容、形态，解读其中隐含的文化意义

《幸福和美的钥匙》

作者：姚晓波　沈绮云　编著
定价：25.00 元
简介：从个人心理建设、人际关系、社会管理等视角，探讨如何缔造幸福、和美的生活

《铁城轶事》

作者：中山市岐城活化社　编著
定价：25.00 元
简介：图文并茂介绍中山市老城区石岐的历史文化

《话说政府与公民》

作者：徐　兵　徐小安　编著
定价：25.00 元
简介：以现行法律为依托，介绍有关政府和公民的法律常识